PERMISO PARA MATAR

Coordinación

Daniel Moreno

Investigación

Paris Martínez

Análisis

Jacobo Dayán

Investigación de campo

Marlén Castro
Beatriz García
Margena de la O
Jesús Guerrero
Óscar Guerrero
Franyeli García
Mayela Sánchez
Rey R. Jáuregui
Miguel Ángel León Carmona
Rocío Gallegos
Blanca Carmona
Gabriela Minjares
Carlos Arrieta
Charbell Lucio
Carlos López
José Abraham Sanz

Medios participantes

Animal Político (Ciudad de México), Amapola (Guerrero), Así Como Suena (Ciudad de México), Lado B (Puebla), La Verdad (Chihuahua), Elefante Blanco (Tamaulipas), Noroeste (Sinaloa), La Silla Rota-Veracruz. Además de la asociación civil Data Cívica.

PARIS MARTÍNEZ, DANIEL MORENO
y JACOBO DAYÁN

PERMISO PARA MATAR

Una investigación sobre los crímenes cometidos por las fuerzas de seguridad del Estado

Ariel

Diseño de interiores: Beatriz Díaz Corona J.
Diseño de portada: Planeta Arte & Diseño / Erik Pérez Carcaño
Imagen de portada: © iStock

Bajo el sello editorial ARIEL M.R.
Avenida Presidente Masarik núm. 111,
Piso 2, Polanco V Sección, Miguel Hidalgo
C.P. 11560, Ciudad de México
www.planetadelibros.com.mx
www.paidos.com.mx

Primera edición en formato epub: julio de 2024
ISBN: 978-607-569-742-0

Primera edición impresa en México: julio de 2024
ISBN: 978-607-569-740-6

Impreso en los talleres de Litográfica Ingramex, S.A. de C.V.
Centeno núm. 162, colonia Granjas Esmeralda, Ciudad de México
Impreso y hecho en México – *Printed and made in Mexico*

Índice

Introducción 9

Capítulo 1
Al grito de guerra 15

Capítulo 2
Ver y no ver 31

Capítulo 3
El pan nuestro 49

Capítulo 4
Utilería desechable 65

Capítulo 5
Guerra con “g” de género 89

Capítulo 6
Cosa de niños 101

Capítulo 7
Violencia expansiva **111**

Capítulo 8
Las otras víctimas **121**

Capítulo 9
Costos y resultados **133**

Epílogo
No son miles de casos aislados **143**

Anexo
Muestra de los testimonios recogidos durante esta investigación **147**

Introducción

¿Sabes cuántas personas han sido asesinadas por policías o militares en estos años de guerra contra el narcotráfico, aun cuando nunca empuñaron un arma ni retaron a la autoridad? ¿Cuántas han desaparecido? ¿Cuántas corrieron con esa suerte por solo toparse con la autoridad, a pesar de que no tenían orden de aprehensión o una investigación abierta? ¿Cuántas víctimas fueron registradas como "muertes en enfrentamientos", a pesar de que la propia autoridad sabía que esa versión era falsa?

El libro que tienes en tus manos nació de un intento por responder a estas preguntas surgidas de la curiosidad, pero también, y sobre todo, de la indignación.

De esa indignación que te vuelve al cuerpo cuando recuerdas a Jorge y a Javier, los dos estudiantes del Tecnológico de Monterrey, asesinados en 2010 por elementos del Ejército cuando salían cerca de la medianoche de la biblioteca de su escuela porque debían terminar un proyecto escolar.

O cuando escuchas a la mamá de Eduardo Jiménez Aguilar —de 15 años— contar cómo fue asesinado el 2 de julio de 2021 por elementos de la policía misterial junto con su primo Jonathan —de 13— mientras lavaban el auto de su tío para ganarse unos pesos.

O cuando lees que Rosa Angélica Marín fue sepultada con su vestido de quinceañera luego de ser asesinada por policías federales cuando iba por algo de comer, mientras preparaba su fiesta.

O cuando tratas de responder cuántos casos más habrá en las mismas condiciones.

O...

Cada testimonio, cada caso, indigna y te recuerda que la guerra es el infierno y que nadie queda ileso, que no ha servido para construir la paz. Que ha sido una guerra en la que todos hemos perdido.

Así empezó todo.

Como una apuesta por la memoria porque hoy —cuando fallan la ley y el sistema— esta es nuestra única defensa contra la impunidad. De esa memoria nos agarramos para mantener la esperanza y la exigencia de que algún día habrá, debe haber, justicia. Aun cuando no sabemos cuándo llegará, cada familia y cada víctima nos recuerdan, nos demandan: no podemos cejar, no podemos dejarlos solos.

Y para eso apelamos al periodismo.

Cómo responder a esas preguntas con las que iniciamos este texto, cuando en México el 96% de los homicidios intencionales queda impune. Cómo, cuando los gobiernos de todos colores —ahí no hay distingos— apenas reconocen algún abuso, siempre acompañado de algo que intenta ser una disculpa: son delitos cometidos por alguna "manzana podrida" que excepcionalmente se filtró en sus filas, pero que ahí se queda, sin aceptar nunca la existencia de un sistema pensado y sostenido en la impunidad de las fuerzas de seguridad y, sobre todo, de sus mandos y de quienes diseñan las estrategias y el rumbo de la guerra. La impunidad de nuestros señores de la guerra.

Lo primero que tuvimos claro fue centrar la investigación en un grupo específico de crímenes de guerra (no hay otra forma de nombrarlos): aquellos presuntamente cometidos por fuerzas de seguridad contra víctimas inocentes o indefensas, o que fueron "detenidas" por esas mismas fuerzas, pero nunca llegaron a una agencia del Ministerio Público.

Son las víctimas de desaparición forzada o ejecución extrajudicial. Más específico: hombres y mujeres sin vínculos con el crimen organizado sobre los que no pesaba ninguna sospecha y que no eran parte de ninguna investigación.

Como Jorge y Javier. Como Eduardo y Jonathan. Como Rosa Angélica.

Una definición indispensable ante un hecho que debería escandalizar: hablamos de miles y miles de inocentes sobre los que no sabemos casi nada. Eso no significa que los "otros" casos, esos que se reportan como enfrentamientos o en los que se afirma que los muertos eran parte de algún grupo delictivo, puedan aceptarse así nomás como bajas de una guerra entre buenos policías y malos delincuentes.

Entre 2007 y 2022, poco menos de 6 000 enfrentamientos —así los han llamado— entre el Ejército y presuntos delincuentes solo han quedado en comunicados de prensa de apenas cuatro o cinco párrafos, sin que nadie haya alcanzado a documentarlos, a probar que los dichos oficiales eran ciertos, sin que ninguna autoridad haya investigado. Solo nos queda un dato, documentado por la Universidad Iberoamericana en su informe "Los enfrentamientos de la Sedena": por cada soldado muerto hay 17 civiles víctimas. El Ejército más eficiente del mundo. O el más impune.

También hay que subrayar aquellos casos que nos vendieron como enfrentamientos, pero que fueron desmentidos cuando las familias de las víctimas, los periodistas u alguna organización de la sociedad civil documentaron que lo que nos contó la autoridad era falso, que los hechos no habían ocurrido como los narró, que las víctimas habían sido *ajusticiadas* y que, en mucho más de una ocasión, ni siquiera eran presuntos delincuentes. Ahí está Nuevo Laredo,

Tamaulipas, como un ejemplo que se ha repetido una y otra vez en estos años de guerra. Cuántos casos más arrojaría una investigación sobre este aspecto.

Pero había que centrar la investigación porque lo contrario la haría interminable.

Una segunda definición: solo hablamos de fuerzas estatales o federales, es decir, de soldados, marinos, Guardia Nacional, policías federales o estatales, pues al explorar nos quedó claro que los casos en que están involucrados policías municipales se cuentan por decenas de miles y porque en ese mundo, el de tu pueblo, tu ciudad, la colusión entre autoridades y criminales no permite claridad para saber qué ocurrió.

■

Este es también un libro colectivo, al menos en dos sentidos.

Primero, porque fue alimentado por la rebeldía y la memoria de cada familia que exige justicia: que busca a los culpables y demanda a la autoridad una respuesta que recorre cada brecha, cada cerro, buscando los cuerpos de las víctimas enterrados en algún paraje.

Y segundo, porque en la investigación participamos veinte periodistas de Veracruz, Chihuahua, Guerrero, Puebla, Tamaulipas, Michoacán, Sinaloa y la Ciudad de México.

La investigación se basa en fuentes hemerográficas, testimonios, investigaciones académicas, recomendaciones de todas las comisiones de derechos humanos y, particularmente, hay que insistir, en las propias denuncias que han recabado decenas de colectivos de familiares.

La metodología inicia con el universo digital de Google y un buscador diseñado por Óscar Elton y Mónica Meltis, de la organización Data Cívica, que permitió seleccionar decenas de miles de notas periodísticas o boletines que incluían información sobre asesinatos y detenciones en los que presuntamente estaban involucrados policías estatales o federales, militares en activo, marinos desplegados en unidades dedicadas a la seguridad o elementos de la Guardia Nacional.

Utilizando palabras clave, se generó un primer listado con más de 60 000 coincidencias, que se revisaron para identificar los casos que podían encuadrar en dos categorías seleccionadas: ejecuciones extrajudiciales o desapariciones forzadas presuntamente perpetradas por fuerzas federales o estatales, que además tuvieran elementos para sostener que las víctimas no participaban en hechos delictivos o estaban indefensas.

Además, se revisaron todas las recomendaciones de las 32 comisiones estatales de derechos humanos, así como la nacional.

Se acudió a algunas organizaciones de familiares de desaparecidos para conocer sus casos.

Se revisaron expedientes de los pocos casos abiertos al público y al periodismo. Se entrevistó a 191 familiares directos y allegados de 135 víctimas. Cada uno narró sus pesadillas y nos actualizó sobre el estado que guarda la investigación.

■

¿Sabes cuántas personas han sido asesinadas por policías o militares en estos años de guerra contra el narcotráfico aun cuando nunca empuñaron un arma ni retaron a la autoridad?

Nuestra investigación arrojó un listado de 1 854 víctimas. Sus familias demandan justicia y exigen una explicación. ¿Por qué, si solo salió unos minutos a un mandado? ¿Por qué el Gobierno encubre a sus criminales?

Aun siendo tantos es indispensable insistir en que también es un listado incompleto. Quedan cientos o miles de historias de abusos por documentar, de casos en los que la justicia no ha llegado.

Esta investigación solo pudo llegar a ocho estados para escuchar los testimonios de las familias. Quedan cientos —además de los miles de casos no documentados— que deberíamos escuchar.

Ninguna víctima puede quedar en el olvido con el pretexto de que no es la única, de que hay muchas más. Cada familia espera justicia, no el olvido.

Cada víctima exige nuestra indignación y compromiso.

■

Cada uno de estos 1 854 casos generó indignación, que, en la mayoría de las ocasiones, fue rápidamente contenida por las autoridades con argumentos carentes de sentido: "se investigará", "caiga quien caiga", "no habrá impunidad"...

En un país donde la justicia es inexistente, estas frases equivalen a decir: "olviden el asunto, dejen de presionar", ya que la estrategia de seguridad incluye la impunidad, sobre todo de los altos mandos.

La indignación debe superar el caso a caso, debe ser comprendida como un fenómeno en el que la exigencia sea el cambio de la política de seguridad y la garantía de un Estado de derecho.

Las violencias de Estado son sistemáticas y generalizadas. Así deben ser entendidas, y dirigirse la indignación en ese sentido.

No son 1 854 casos aislados. Son la punta del iceberg de una guerra que seguirá profundizándose de no encontrar resistencia social.

1

Al grito de guerra

Con el tiempo, me hice a la idea de que no soy la única, de que no me puedo encerrar en mi dolor, porque no soy la única. Esto que me pasó a mí pasa bien seguido. A veces se conocen los casos, a veces no se conocen. Yo no quise que este caso se quedara en el olvido y yo hice todo lo posible por que se hiciera justicia y no quedarme callada. No soy la única que está pasando por esto. Bien seguido se sabe de casos de crímenes cometidos por servidores públicos, pero las fiscalías se quedan calladas, no investigan, no dan seguimiento.

Dolores Guadalupe Soto, mamá de Yolanda Adriana Ramírez Soto, asesinada por agentes de la Policía Federal en Chihuahua, el 21 de diciembre de 2012.

Suele decirse que las cosas existen solo cuando se les asigna una palabra que englobe sus atributos. Pero existen palabras que no distinguen una sola cosa, que no tienen un solo significado, que en su enunciación no encierran un único referente, sino muchos. Y muchos son, por lo tanto, sus usos posibles.

"Guerra" es una de esas palabras. Tantos son sus significados que puede emplearse para describir casi cualquier momento de conflicto, agitación o alteración de lo que se considera normal o establecido, lo mismo cuando estas situaciones ocurren en el plano individual que cuando se suscitan entre las personas, las comunidades o las naciones. Momentos excepcionales que tienen un principio y un fin, después del cual la normalidad, idealmente, se restaura.

Podemos usar "guerra" para describir los movimientos intestinales que nos causan molestia; para referirnos a los niños y las niñas que hacen travesuras; para caracterizar rivalidades comerciales; para referirse a campañas para el control de agentes patológicos como el covid-19; o para hablar de acciones y políticas públicas orientadas a la contención de fenómenos sociales, razón por la cual, por ejemplo, las estrategias para prevenir delitos han sido calificadas en distintos países como "guerra contra el crimen".

México es uno de esos países.

Además, "guerra" es el término con el cual nos referimos a situaciones de violencia generalizada, como conflictos bélicos entre grupos antagónicos o naciones en pugna que miden fuerzas a sangre y fuego, aunque también sirve para señalar prácticas violentas que se extienden en el tiempo, en un territorio o entre grupos humanos, sin que impliquen enfrentamientos armados convencionales. De esta manera, la violencia contra las mujeres, contra el ambiente o, incluso, las políticas orientadas a explotar, marginar o reducir la población de grupos discriminados son consideradas otras formas de guerra por algunos sectores sociales.

Así, paradójicamente, "guerra" es en ciertos casos sinónimo de "soluciones" y en otros de "problemas", de la misma manera que "es" o "no es", dependiendo del interés con el que esta palabra se usa o se descarta.

En México, "guerra" es el nombre que algunos sectores de la población (principalmente víctimas) han asignado al estado de violencia que prevalece desde el año 2007, cuando se ordenó a las Fuerzas Armadas encabezar labores de seguridad pública para enfrentar a grupos criminales que ejercen su hegemonía sobre distintos territorios y sobre las poblaciones que en ellos habitan, dedicados al trasiego de drogas y otras mercancías ilegales, al asesinato, el secuestro, la desaparición, el reclutamiento y desplazamiento forzados, la extorsión, el robo, el despojo, la explotación con fines sexuales o el tráfico de personas. En cifras oficiales, esta guerra ha dejado en México más de 420 000 personas asesinadas* y más de 115 000 personas desaparecidas,† algunas por la violencia delictiva, otras por la reacción de las autoridades ante el dominio territorial de grupos criminales y otras más como producto de la complicidad entre ambas fuerzas.

"Esta es una guerra contra el pueblo de México —dice Yolanda Morán, mamá de Dan Jeremeel Fernández Morán, desaparecido por el Ejército en 2008—. Se dice que es una guerra contra el crimen organizado, pero no. Nosotros pensamos que es una guerra contra el pueblo, porque es al pueblo al que han estado desapareciendo y matando".

Dan Jeremeel tenía 34 años de edad, un empleo como ejecutivo de seguros y cuatro pequeños bajo su manutención, cuando fue raptado en Torreón, Coahuila, el 19 de diciembre de 2008, luego de concluir sus actividades laborales. Conducía su vehículo rumbo a la estación de autobuses, donde recogería a su mamá, la señora Yolanda, quien había viajado desde la Ciudad de México para celebrar en familia las fiestas navideñas. Dan Jeremeel nunca llegó a la cita.

Inicialmente, sobre su desaparición no existió ninguna pista que indicara la identidad de los perpetradores. Dos semanas después, un militar adscrito al área de Inteligencia del Ejército fue capturado a bordo del vehículo que Dan Jeremeel conducía cuando fue privado de la libertad.

---

* Secretaría de Salud, Dirección General de Información en Salud, base de datos *Defunciones* 2007-2022.

† Comisión Nacional de Búsqueda, versionpublicarnpdno.segob.gob.mx/Dashboard/Index, consultado el 23 de febrero de 2024.

Ese militar, cabe aclarar, no fue detenido por la desaparición de Dan Jeremeel, sino por un secuestro perpetrado un mes antes. La víctima fue el empresario local Rodolfo Alanís, asesinado más tarde por sus captores. A raíz de ello, otros dos agentes de Inteligencia del Ejército fueron también detenidos por su participación en el caso Alanís, pero las autoridades se negaron a procesarlos penalmente, aun cuando existían evidencias directas de su participación en asesinatos, desapariciones, extorsiones y despojos.

> A mi hijo se lo llevaron una semana antes de Nochebuena —recuerda la señora Yolanda, una mujer de pelo cano y mirada endurecida por 15 años de búsqueda, aunque de voz dulce y calma—. Cuando fui a denunciar al Ministerio Público, solo había personal de guardia cuidando las oficinas y no estaba dando atención. Todo el personal encargado de recibir denuncias estaba de vacaciones. Fue hasta los primeros días de enero de 2009 cuando me recibió el subprocurador de Justicia de Coahuila [Domingo González Favela] para informarme que habían agarrado a un militar con el carro de mi hijo. Me dijo: "Nosotros nos vamos a declarar incompetentes y usted búsquele, porque no podemos hacer nada en contra del Ejército".

Y así ocurrió. Las autoridades de Coahuila se negaron a investigar la implicación de miembros de la Secretaría de Defensa Nacional en actividades criminales. Unos días después, cuando por presión de la familia el Gobierno federal aceptó iniciar una indagatoria oficial, un grupo de hombres armados ingresó al centro de detención. Asesinó a los tres agentes de Inteligencia Militar y huyó sin resistencia alguna.

El funcionario que se negó a investigar los hechos se convirtió después en fiscal general de justicia de Coahuila. Hasta octubre de 2023, cuando estas líneas se redactaron, Dan Jeremeel continuaba desaparecido y sin investigarse la participación de militares.

Tampoco se sabe quiénes y por qué mataron a los militares presuntamente involucrados.

Desde que se decidió el empleo de las Fuerzas Armadas como la principal estrategia gubernamental en materia de seguridad pública en México, la violencia (medida en asesinatos) se ha cuadruplicado. Aunque una parte importante de dicha violencia es atribuible a grupos criminales, los números muestran que aumenta en las regiones y los momentos en que la autoridad entra a "prevenir la delincuencia".

Una violencia gubernamental planificada que supera por mucho los límites que la ley les concede a policías y militares en el uso de la fuerza para el cumplimiento de sus responsabilidades y que no puede atribuirse a "manzanas podridas" ni es algo excepcional.

La muerte de Rosa Angélica Marín Hernández es otro ejemplo de esa violencia. Esta adolescente, que en 2010 residía en Ciudad Juárez, Chihuahua, y que hacía los arreglos finales para su fiesta de 15 años, fue asesinada por agentes de la Policía Federal cuando salió de su vivienda para comprar hamburguesas junto a su hermana mayor, su cuñado y el hijo de este último, de 4 años. El *crimen* de estos jóvenes fue no haber detenido la marcha de su vehículo ante la presencia de agentes policiacos.

> Íbamos en el auto del muchacho que era mi novio —recuerda Clara, la hermana de Rosa Angélica, sobreviviente del ataque, quien entonces tenía 19 años—. Íbamos por la calle principal y los federales venían atrás, muy retirados. Los vimos porque prendieron las torretas de su patrulla a lo lejos, pero nosotros no creímos que fuera alguna señal de alto. Entonces dimos vuelta, normal, para ir al negocio de las hamburguesas y en esa calle donde nos metimos nos alcanzaron, nos rodearon y nos empezaron a tirar. El muchacho que era mi novio paró el auto, sacó la mano y les gritó: "¡Traemos niños!", pero ellos no dejaban de disparar. Luego

> los federales se acercan, a él lo avientan al suelo y yo me bajo del auto con el niño en brazos. Estaba herido de su carita por las esquirlas de las balas y los vidrios, y yo estaba herida en la cabeza porque se me incrustó una esquirla de bala que nunca me pudieron sacar. Cuando me bajo del auto me doy cuenta que mi hermana no se baja. Cuando pregunté por ella, los policías dijeron que estaba bien, que se había desmayado porque traía un rozón en el hombro.

Rosa Angélica había recibido un disparo en la espalda que salió por su axila. Los policías le dispararon a menos de un metro de distancia, según los peritajes realizados.

Los policías federales se negaron a brindar auxilio a los heridos, aunque, luego de que constataron la gravedad de sus lesiones, les permitieron buscar un hospital. Cuando finalmente encontraron uno, Rosa Angélica ya había muerto.

Los policías negaron haber agredido a las víctimas y atribuyeron el ataque a supuestos criminales que iban a bordo de una camioneta, que los uniformados dijeron perseguir. Los sobrevivientes desmintieron tal versión. La camioneta con criminales nunca existió. El ataque de los policías fue directo.

“A mi hija me la mataron los federales —dice Verónica Hernández, mamá de Rosa Angélica y de Clara—. Me la mataron los asesinos que nos trajeron a Juárez. Me la mataron el 24 de julio y para el 31 le hacíamos su *quinceañera*. Al final, la comida que íbamos a dar en la fiesta se dio en su velorio”.

Rosa Angélica fue sepultada en Ciudad Juárez portando su vestido de 15 años.

■

Esto, que para algunos sectores de la población mexicana es una guerra, se conforma por un caudal de historias como las de Dan

Jeremeel y Rosa Angélica, en las que la violencia de Estado se mezcla con la criminal, ya sea porque la estrategia de seguridad permite disparar antes de averiguar, porque la autoridad se coaliga con la delincuencia o porque reproduce sus prácticas. Víctimas acumuladas en una cifra no determinada hasta la fecha debido al ocultamiento de registros, a la deficiencia en las investigaciones y al miedo a represalias que silencia las denuncias.

Toda guerra, no obstante, deja escombros que, en cierta medida, permiten dimensionarla. Por eso, entre 2020 y 2023, un grupo de periodistas, integrantes de la academia y de organizaciones civiles nos propusimos reunir la mayor cantidad posible de esos escombros, esos rastros de la violencia oficial ejercida durante los 16 años en que las Fuerzas Armadas han dirigido las estrategias de seguridad pública en el país, con el argumento del combate al crimen organizado.

Fue una búsqueda con limitaciones debido a la falta de información oficial, pero que fueron superadas en lo posible gracias a las nuevas tecnologías digitales a través de las cuales se lograron ubicar más de 60 000 registros documentales, investigaciones periodísticas, reportes oficiales y estudios académicos relacionados con homicidios, feminicidios y desapariciones tras el inicio de la guerra contra la delincuencia organizada. Esos registros fueron leídos uno a uno para aislar los casos en que los perpetradores de dichos crímenes fueron integrantes de cuerpos de seguridad, estatales o federales.

Ese procedimiento, en el que se invirtieron dos años de trabajo grupal, permitió identificar 1 824 asesinatos y desapariciones forzadas cometidos por autoridades, sin justificación alguna y al amparo de políticas anticrimen que, en la mayoría de los casos, garantizaron impunidad a los autores.

Esos 1 824 casos no representan, vale subrayarlo, todos los crímenes cometidos por autoridades mexicanas desde 2007, cuando inició el despliegue de las Fuerzas Armadas para realizar labores policiacas, sino solo una muestra de un universo mucho mayor. En ese conteo no se incluyeron los miles de crímenes cometidos por cuerpos de policía municipal, aunque también han sido parte de la violencia de Estado enmarcada en la guerra, ya que eso habría superado las capacidades del colectivo que participó en esta investigación.

Esa muestra de 1 824 casos identificados en este ejercicio representa un crimen de Estado cometido cada cinco días durante 16 años de violencia. Crímenes perpetrados por autoridades estatales y federales contra personas que salieron a comprar comida, a trabajar, a la escuela, a atender necesidades básicas, a divertirse, personas inocentes e indefensas que se cruzaron con la policía estatal o federal, con el Ejército, la Marina, la Fiscalía General de la República, la Guardia Nacional, y que ya no volvieron a sus casas.

Esas 1 824 historias en las que se basa la presente investigación periodística demuestran que los crímenes perpetrados por las fuerzas del Estado, de un lado, y la violencia homicida de grupos delictivos, del otro lado, son fenómenos estrechamente relacionados que avanzan en México tomados de la mano. Durante el tiempo que ha durado el conflicto armado, ambos indicadores de violencia se han incrementado en las mismas regiones y en los mismos periodos de tiempo.

La mayor cantidad de asesinatos, ejecuciones extrajudiciales y desapariciones forzadas atribuida a autoridades federales y estatales mexicanas que logró ser identificada a través de esta investigación se concentró en el estado de Veracruz, con 21% de los casos, seguido de Tamaulipas (14%); Guerrero (9%); Michoacán (8%), Chihuahua y Ciudad de México (5%).

No obstante, no solo en esas entidades, sino en todo el territorio nacional, se han registrado de forma reiterada este tipo de crímenes a lo largo de 16 años, en un país gobernado por tres partidos políticos.

Durante el gobierno de Felipe Calderón, esta investigación identificó 494 asesinatos, ejecuciones extrajudiciales y desapariciones forzadas atribuidos a fuerzas estatales y federales (sin que esto represente a la totalidad de los casos ocurridos), perpetrados en 29 de las 32 entidades del país.

Durante el gobierno de Enrique Peña Nieto, esta investigación logró identificar al menos 808 de estos crímenes en 31 estados.

Finalmente, durante los primeros cuatro años de gobierno de Andrés Manuel López Obrador, se documentaron al menos 489 crímenes de Estado en treinta entidades.

Así, la acumulación de estos casos durante tres gobiernos diferentes y a lo largo de toda la geografía mexicana prueba que el asesinato, la ejecución extrajudicial y la desaparición forzada son formas de violencia de Estado que se han ejercido de manera generalizada y sistemática en contra de la población civil, en el marco de la política de seguridad.

Pero esto que para muchos es una guerra, para las autoridades mexicanas no lo ha sido nunca.

En enero de 2011, por ejemplo, cuatro años después de poner a las Fuerzas Armadas a cargo de labores de seguridad pública (empleando para ello al personal militar y subordinando cuerpos policiacos civiles bajo su mando), el presidente Felipe Calderón negó que hubiera definido dicha estrategia como una guerra. "He usado permanentemente el concepto *lucha por la seguridad pública* y lo seguiré usando", aclaró el mandatario.

Al finalizar su gobierno, esa *lucha por la seguridad pública* había implicado 437 despliegues operativos de las Fuerzas Armadas, en coordinación con cuerpos policiacos locales, en los que se registraron 2 602 "agresiones por enfrentamiento", definidas en documentos del Ejército como actos de "violencia en contra de la autoridad que realizan grupos u organizaciones criminales mediante el uso de armas de fuego". En esos enfrentamientos murieron 3 286 personas.*

* Secretaría de la Defensa Nacional, *Informe de rendición de cuentas 2006-2012, Memoria documental de operaciones contra el narcotráfico.* Obtenido a través de *Guacamaya Leaks*.

Imposible saber si la versión oficial de "fuimos atacados" es cierta porque esos enfrentamientos nunca fueron investigados.

Su sucesor, Enrique Peña Nieto, amplió el despliegue de las Fuerzas Armadas en labores de seguridad pública, aunque tampoco aceptó el calificativo "guerra" para estas acciones y, en cambio, afirmó que la estrategia gubernamental era una "lucha puntual contra la delincuencia". Durante su sexenio, se registraron 4 394 agresiones por enfrentamiento; esos enfrentamientos arrojaron 4 453 fallecidos.[*]

Finalmente, Andrés Manuel López Obrador (quien consolidó la estrategia de Calderón y Peña con la creación de la Guardia Nacional como brazo formal del Ejército para realizar labores policiacas permanentes en todo el territorio nacional) ha asegurado que en México "no queremos guerra [...] Toda esa violencia, todos esos desparecidos, muchos por la lucha entre bandas, pero también por la violencia del Estado, eso no va a volver a pasar nunca más".[†] También dijo que "la mayor participación de las Fuerzas Armadas en tareas de seguridad no implica ni autoritarismo, ni militarismo o militarización del país".[‡]

Aun así, durante los primeros cuatro años del gobierno de López Obrador se registraron al menos 2 188 agresiones por enfrentamiento, que dejaron 1 925 muertos.[§]

Hay que insistir: oficialmente, fueron ataques de grupos delictivos contra fuerzas del orden. Los muertos fueron, sobre todo, civiles. Y no hay forma de saber cómo ocurrieron tales ataques.

---

* *Minuta de la 53 Sesión Ordinaria del Grupo de Contacto de Alto Nivel para la Atención de la Delincuencia Organizada* (Grupo CANDADO, integrado por Ejército, Marina, Policía Federal, Procuraduría General de la República). Obtenida a través de *Guacamaya Leaks*.

† Conferencia de prensa del presidente Andrés Manuel López Obrador, 1.º de febrero de 2019.

‡ Discurso presidencial en la ceremonia por el 110 aniversario del Ejército Mexicano, 19 de febrero de 2023.

§ *Minuta de la 39 Sesión Virtual del Grupo* CANDADO, obtenida a través de *Guacamaya Leaks*, para los datos del 1.º diciembre de 2018 al 29 de noviembre de 2020. Los datos del periodo 1.º de diciembre de 2020 al 30 de diciembre de 2022 provienen del *Informe del Programa de Seguridad Ciudadana* de la Universidad Iberoamericana. Recabados a través de solicitudes de Transparencia.

■

Una de esas "agresiones por enfrentamiento", como las autoridades denominan a los episodios de violencia con víctimas fatales en el marco de sus operativos contra el crimen, sucedió el 5 de septiembre de 2019 en Nuevo Laredo, Tamaulipas.

> Era un día por la mañana —dice Kassandra Treviño, una joven pequeñita y delgada, que entonces tenía 18 años—. Estábamos dormidos, yo en mi cuarto con mi niña, que en ese entonces tenía un añito. Mi papá estaba acostado en su cuarto. Él se llamaba Severiano Treviño Hernández y tenía 34 años. Fue como a las 7 de la mañana cuando entraron oficiales del CAIET [Centro de Análisis, Inteligencia y Estudios de Tamaulipas, de la policía estatal] tumbando puertas y gritando. Mi papá trató de arrimarse hacia mi cuarto, pero lo regresaron a la cocina a puros golpes y ya no me dejaron verlo porque unos oficiales se metieron conmigo a mi cuarto y cerraron la puerta. Todo pasó ahí en la casa. A mi papá estuvieron golpeándolo en la cocina y a mí me estuvieron pegando en mi cuarto. Lo único que yo pude hacer fue agarrar a la niña y no soltarla, por miedo a que me la fueran a quitar, y mientras me pegaban me decían que tapara a la niña, que no los mirara yo a la cara, porque la traían descubierta, y donde yo volteaba me golpeaban, que no los mirara. Después metieron a mi papá a mi cuarto, ya lo traían vestido con pantalón tipo militar, botas, casco, esposado de las manos. Entonces, a mí y a mi niña nos sacaron de la casa tapadas con una cobija y me dijeron que ya ni buscara a mi papá, que no regresara, que no le dijera a nadie, que ya no lo iba a volver a ver. Y un oficial nos llevó caminando a unas cuadras de distancia de la casa y ahí me dijo que me siguiera y que no volteara, que me fuera.

Momentos después, siete personas que las autoridades habían raptado durante las horas previas en colonias populares de Nuevo

Laredo fueron conducidas por policías estatales y por elementos del Ejército a la vivienda de Kassandra. Se trataba de Luis Fernando Hernández Viesca y José Daniel Saucedo Hernández, de 19 años; Enrique Pérez Chávez, Wilbert Irrastreto Pérez y Juana Jetzel Graciano Magaña, de 20; Jennifer Hazel Romero López, de 21; y Cindy Esmeralda Briseño Chapa, de 39. Ninguno tenía una orden de aprehensión pendiente o siquiera una investigación abierta.

Esas personas fueron torturadas dentro de la vivienda de Kassandra y, tal como antes hicieron con el señor Severiano, fueron obligadas a ponerse uniformes tipo militar, cascos y chalecos antibalas con la leyenda "Cartel del Noreste". Luego fueron acribilladas por los policías y militares que operaban en coordinación.

Junto a sus cuerpos, las autoridades colocaron armamento de asalto y paquetes con mariguana, además de que a un costado de la casa estacionaron un vehículo con blindaje artesanal para simular que en ese lugar había ocurrido un enfrentamiento armado con los supuestos criminales.

El montaje quedó al descubierto poco después, mediante investigaciones de familiares y periodistas.

Saber si la violencia de Estado que se vive en México es o no una guerra cabal, más allá de los usos metafóricos del término, no es importante por simple corrección en el uso del lenguaje o por un frío anhelo de fidelidad al describir la realidad. Es importante porque incluso en la guerra existen reglas, así como límites éticos y legales establecidos a nivel global, que, de no ser respetados, abren paso a la intervención de la justicia internacional.

Eso significa que, si bien las autoridades que ordenan y ponen en práctica la violencia de Estado, cuentan con impunidad dentro de las fronteras mexicanas, esta no les queda garantizada fuera de ellas. La justicia internacional es la última (y quizá la única) oportunidad para que los responsables de esta violencia rindan cuentas ante tribunales. Aportar elementos que permitan entender esa dimensión de la guerra en México, que trasciende los alcances de las leyes mexicanas y se coloca en el plano del derecho penal internacional y el derecho internacional humanitario, es el objetivo de esta investigación.

Los Convenios de Ginebra de 1949, considerados las leyes de la guerra a nivel mundial y que México firmó en 1952, establecen que una guerra se da cuando existe un "conflicto armado" entre dos o varias naciones, cuando un país es invadido por otro, cuando entre Estados nacionales existe una declaratoria de hostilidades (incluso si los enfrentamientos no han iniciado) y cuando un "conflicto armado" no es internacional, sino que se produce dentro del territorio de un solo país, ya sea entre sus fuerzas armadas oficiales y "fuerzas armadas disidentes", entre las fuerzas oficiales y "grupos armados organizados", o solo entre estos últimos, sin la intervención de la fuerza armada gubernamental. Estos dos últimos escenarios son los que se presentan en México, donde el enfrentamiento es, por un lado, entre las fuerzas públicas y los grupos del crimen organizado, y, por el otro, entre grupos criminales rivales.

Esas leyes de la guerra son, además, la base de lo que se conoce como derecho internacional humanitario, un conjunto de normas que pretenden limitar los efectos de los conflictos armados, proteger a las personas que no participan en ellos o que han dejado de hacerlo, y restringir los métodos con los que se aplica la violencia bélica.

Estas normas obligan a las partes en conflicto a realizar la "distinción en todo momento entre población civil y combatientes" para dejar a los primeros fuera de toda agresión armada. Además, las obliga a la protección de civiles y personas no combatientes dentro de los territorios que controlan (como enfermos, heridos, civiles que no participan en el conflicto, personal sanitario y de prensa que se encuentren en zonas de combate), así como al establecimiento de zonas de seguridad en donde la gente que no participa en los combates pueda resguardarse y donde no sufra ataques de ninguna de las fuerzas en pugna.

Además, a los combatientes involucrados en conflictos armados se les prohíbe asesinar, torturar, lesionar, desaparecer, atacar sexualmente o someter a tratos humillantes tanto a los civiles que estén en los territorios que disputan o controlan como a los combatientes rivales que se han rendido o que fueron capturados, particularmente si están heridos.

De igual modo, el derecho internacional humanitario prohíbe que civiles, excombatientes o integrantes de cuerpos de asistencia (como la Cruz Roja) sean tomados como rehenes o que se les someta a juicios sin "garantías judiciales", como, por ejemplo, el derecho a la defensa.

Se trata de reglas que los ejércitos regulares y los grupos armados no oficiales están obligados a respetar y cuyo incumplimiento acarrea responsabilidad penal para cada una de las personas involucradas, ejercida, en primera instancia, en los tribunales nacionales y, de no ser estos efectivos, a través de la Corte Penal Internacional, cuya jurisdicción México reconoció en 2005.

Por otro lado, al margen de que exista un conflicto armado interno o internacional, cuando estos crímenes se cometen reiteradamente o en un amplio territorio, es decir, de manera generalizada, o cuando ocurren de forma sistemática, como parte de una política o plan de acción —tal como pasa en México con las ejecuciones y desapariciones perpetradas por fuerzas oficiales, en el marco de la lucha contra el crimen organizado—, se convierten en "crímenes de lesa humanidad", formas de violencia que no deben interpretarse como agresiones individuales, sino como el ataque "contra una población" y, por esta vía, contra la humanidad entera.

Así, a la luz del derecho penal internacional, lo que ocurre en México son crímenes de lesa humanidad y, si se trata de una guerra, concretamente un conflicto armado interno, también se perpetran hechos que encajan en la definición de los crímenes de guerra. Ambos son establecidos en el Estatuto de Roma que crea a la Corte Penal Internacional.

> Para nosotras —afirma la señora Yolanda, mamá de Dan Jeremeel— ha sido muy difícil la búsqueda de justicia en México porque el causante de nuestra situación es el mismo Ejército Mexicano. Las autoridades de Coahuila así me lo dijeron, que no podían hacer nada por mi hijo porque tenían orden de no tocar a los militares. Esa fue la orden de Calderón, después la de Peña Nieto y, ahora, la de López Obrador. Ahora nosotras, mi hija y yo, vivimos desplazadas. La familia está repartida por distintos puntos del país, por seguridad, aunque, en realidad, no hay dónde escondernos, porque militares hay en todos lados, en todo el país y, para nosotras, todos los militares son un peligro. Por eso es que tuvimos la necesidad de recurrir a instancias internacionales y el que esas instancias estén respondiendo favorablemente es muy esperanzador, aunque el Gobierno mexicano les ha puesto muchas trabas para investigar.

El de Dan Jeremeel es uno de los 12 casos mexicanos cuyo análisis inició el Comité de las Naciones Unidas contra la Desaparición Forzada en 2011. Dos años después, este organismo solicitó permiso al Gobierno de México para que sus integrantes visitaran el país con el propósito de reunirse con las víctimas, con organizaciones civiles que les dan acompañamiento y con representantes de los poderes Ejecutivo, Legislativo y Judicial.

El Gobierno de México se tomó ocho años para autorizar esa visita, que finalmente se realizó en 2021, luego de la cual el Comité contra la Desaparición Forzada de la ONU concluyó que el país atraviesa "una situación crítica".

Este diagnóstico, de hecho, ya había sido formulado en 2013 por el relator especial de Naciones Unidas para las ejecuciones sumarias y arbitrarias, según el cual, en el marco de la guerra contra el crimen organizado en México, "es imperativo disminuir la participación del Ejército en las actividades policiales; velar por que los militares acusados de haber cometido violaciones de los derechos humanos sean enjuiciados por tribunales civiles y no militares; y establecer normas claras y ampliamente difundidas sobre el uso de la fuerza por los agentes de las fuerzas del orden en todos los niveles de gobierno".

A partir de estas alertas en torno a los crímenes de Estado cometidos en el país, en 2023 el Comité de la ONU contra las Desapariciones Forzadas determinó que en México persiste "la falta de reconocimiento por parte de las autoridades sobre las distintas formas de responsabilidad de los agentes estatales [en dicha violencia], así como la ineficiencia de las medidas para combatir las causas de la impunidad". Además, expresó su preocupación por el refrendo de la política anticrimen anunciado por las autoridades en 2022, "que extiende la participación de las Fuerzas Armadas en tareas de seguridad pública hasta 2028", así como por "la falta de controles civiles eficaces, que regulen o supervisen su actuación".*

* Comité contra la Desaparición Forzada de la ONU, "Observaciones finales sobre la información complementaria presentada por México con arreglo al artículo 29, párrafo 4, de la Convención Internacional para la Protección de Todas las Personas contra las Desapariciones Forzadas", 12 de octubre de 2023.

2

VER Y NO VER

> *Cuando los policías estatales desaparecieron a nuestros hijos fue un caso de relevancia nacional e, incluso, internacional. Pero el caso ha perdido presencia en los medios porque todos sabemos que, desde que nos sucedió esto a nosotros, el país ha seguido igual o peor. Como hay tantos asesinatos, tantas desapariciones en este país, por desgracia, una cosa tapa a la otra y lo que sucedió en el pasado va quedando ahí, hasta que se olvida todo mundo de lo que algún día ocurrió.*
>
> **Bernardo Benítez Herrera, papá de Bernardo Benítez Arróniz, de 25 años de edad, desaparecido junto a otros cuatro jóvenes por policías estatales de Veracruz, el 11 de enero de 2016.**

Existe en México una frase cuya lógica, paradójicamente, se halla en su incoherencia, una frase que las personas emplean para increpar a otras por su falta de sentido común, su incapacidad para percibir lo evidente o, incluso, para subrayar su claro interés en negar la realidad. "¡Estás viendo y no ves!" se utiliza, por ejemplo, para reprender a quienes por imprudencia se meten en problemas, para destacar la reincidencia ajena en el error o para criticar a aquellos que, voluntariamente o no, insisten en lo absurdo.

Además de que sirve para enfatizar aquello que carece de sentido, esta frase también suele usarse para desacreditar las razones con las que cuentan otras personas y que consideran legítimas, tildándolas así de equivocadas, imprudentes o absurdas, sin aportar argumentos para rebatirlas.

En noviembre de 2023, al finalizar una mesa de análisis en la que se presentaron algunas conclusiones de esta investigación ante un puñado de estudiantes universitarios, un profesor presente en los debates se aproximó y planteó, en corto, una convicción personal: "En México no podemos hablar de *guerra* porque los grupos armados que operan en el país no tienen una agenda política, no defienden una ideología". La respuesta que obtuvo el profesor fue un tajante y sonoro "¡Estás viendo y no ves!".

Valgan estas líneas como una disculpa hacia ese académico ya que, ciertamente, hay quienes han rechazado la existencia de una guerra, o que consideran inadecuado definir así el fenómeno de violencia que se vive en México, no por un ánimo negacionista, sino con la intención sincera de contribuir al debate público.

En esa misma línea, algunos analistas y grupos civiles organizados han planteado que en México no hay una guerra contra el crimen organizado porque, de entrada, en el país no existen cárteles a los cuales combatir, es decir, no hay macroestructuras criminales organizadas con verdadera capacidad de ejercer control sobre las zonas en las que operan, o de subordinar a la clase política y a las instituciones de Gobierno a sus intereses. Lo que hay en México, señalan los impulsores de esta interpretación, son grupos criminales menores e inconexos, que operan desordenadamente, sin estrategia ni escala jerárquica, sin mando común y sin los recursos económicos y bélicos suficientes para enfrentar a las Fuerzas Armadas en el campo de batalla. Grupos delictivos a los que, directa o indirectamente, se les permite existir solo porque resultan de utilidad para quienes ejercen como autoridades públicas y para los grupos de poder económico que controlan verdaderamente al país, generando así dividendos compartidos por los actores políticos, los actores económicos y los actores criminales.

Desde la perspectiva de estos analistas y grupos civiles, la guerra es una ficción, una narrativa creada por quienes gobiernan México en complicidad con intereses trasnacionales, para sumir a la población en el miedo y, por esa vía, imponer sin resistencias sociales una política extractivista, que permite a las industrias privadas de los ramos energético, textil, ganadero, minero, turístico, agroquímico, entre otras, el despojo y saqueo de los recursos naturales del país, así como la fácil explotación de sus pobladores.

Se trata, por supuesto, de planteamientos que parten de hechos reales: es cierto que en México los grupos criminales carecen de una agenda política abierta y explícita, aun cuando en algunas regiones tengan control de partidos políticos y cargos públicos, y es cierto también que en el país se aplica una dinámica económica extractivista que beneficia a los grupos de poder nacionales y a las industrias trasnacionales, antes que a cualquier otro sector.

Sin embargo, estas ideas incluyen la creencia equivocada de que la "guerra" se define a partir de motivos que impulsan a las partes a entrar en conflicto armado y de que hay algunas motivaciones para las cuales sí es adecuado hablar de guerra y de sus implicaciones (como las motivaciones políticas) y otras para las que no lo es (como las delictivas), al margen de que las características que adquiere la violencia sean las mismas.

Lo cierto es que contar con un motivo político o ideológico no se incluye entre las condiciones que debe cubrir un conflicto armado para ser reconocido como tal.

El *Manual de Operaciones Militares* del Ejército Mexicano, por ejemplo, señala que, "para México, la guerra se conceptúa como un conflicto entre sociedades o grupos de seres humanos que luchan entre sí violentamente, para imponer los intereses de uno de ellos".*

En paralelo, el *Segundo Protocolo Adicional de los Convenios de Ginebra* especifica que una situación de violencia interna, suscitada dentro de las fronteras de una nación, puede ser considerada un "conflicto armado sin carácter internacional", o conflicto armado interno, siempre que las fuerzas en pugna ejerzan sobre un territorio "un control tal que les permita realizar operaciones militares sostenidas". A la inversa, las situaciones de violencia que ocurren dentro de un país de manera "esporádica y aislada" no son consideradas como conflictos armados internos.

Así, a la luz de las definiciones que se establecen en el *Manual de Operaciones Militares* del Ejército Mexicano y en el *Segundo Protocolo Adicional de los Convenios de Ginebra*, para determinar la existencia de un conflicto armado interno resultan irrelevantes las razones que impulsan a las fuerzas encontradas. Lo único necesario para establecer que la guerra dentro de un país está en marcha es la existencia de grupos organizados con una estructura que les permita mantener control territorial y generar violencia armada por un periodo prolongado, así como la ocurrencia de enfrentamientos con un nivel de intensidad suficiente como para que, claramente, dejen de catalogarse como aislados o esporádicos.

Este es el caso mexicano, en el que las autoridades registraron más de 9 000 enfrentamientos directos con grupos delictivos entre 2007 y 2022, lo que equivale a tres choques armados cada dos días. Esto es un indicativo de que las organizaciones criminales a las que se enfrentan las fuerzas oficiales cuentan con capacidades y control

* Dirección General de Infantería, *Manual de Operaciones Militares*, 2018. Obtenido a través de *Guacamaya Leaks*.

territorial suficientes para realizar "operaciones militares sostenidas" en sus zonas de influencia.

A este escenario de conflicto armado habría que agregar el resultado de los enfrentamientos entre grupos delictivos, sin la intervención de fuerzas públicas. Al respecto, aunque no fue posible acceder a registros oficiales en los que se establece el número de "ejecuciones" perpetradas por organizaciones criminales en el gobierno de Felipe Calderón (2006-2012), durante esta investigación sí se encontraron informes del Ejército que reportan más de 87 000 asesinatos cometidos por la delincuencia organizada en todo el país, en los seis años de gestión de su sucesor, Enrique Peña Nieto (2012-2018), y los primeros dos años de Andrés Manuel López Obrador (2018 y 2020). Esa cifra equivale a 1.25 ejecuciones por hora, y es un indicativo de que la violencia homicida asociada a los grupos criminales no es aislada ni esporádica.

De esta manera, el escenario de violencia que vive México cumple holgadamente con las premisas establecidas para identificar un conflicto armado interno. Esa es una conclusión a la que puede llegarse sin necesidad de validar la motivación de las partes en pugna.

Eso, sin embargo, no significa que dichas motivaciones no existan y, en el caso de las autoridades mexicanas, aquello que las ha llevado a iniciar la guerra y prolongarla durante más de 16 años puede deducirse, al menos en parte, de los rendimientos políticos que esta les ha generado.

■

A sus 31 años de edad, Saúl Becerra Reyes aprovecha su talento para el dibujo trabajando como rotulador. Traza anuncios publicitarios a pulso, a muñeca alzada, sobre mantas que luego ondean en las calles de Ciudad Juárez, Chihuahua, donde vive con su esposa Brenda, de 19 años, y sus dos hijas de 1 y 3 años.

Este día es martes 21 de octubre de 2008 y Saúl ha llevado su viejo Oldsmobile azul modelo 85 a un autolavado cercano a su casa, ubicado en las calles 16 de Septiembre y Platino, para quitarle la tierra que la desértica Juárez deposita sobre toda superficie.

Saúl parte al mediodía, con la promesa de volver pronto, y en casa permanece Brenda a su espera. En ella, no obstante, surge pronto la preocupación por Saúl, ya que poco después de que él se ha ido, a no mucha distancia ha comenzado a escucharse el ulular de sirenas y el rechinar de llantas. Un instante después, un vecino toca a la puerta con desesperación, con prisa y, al abrir, Brenda recibe el aviso: los militares han detenido a Saúl mientras lavaba su auto y todavía lo tienen ahí, tendido en el suelo y amordazado con su propia camisa.

Si corre, sugiere el vecino, quizá Brenda lo alcance.

> En ese momento —recuerda—, cuando llegué ahí donde Saúl estaba detenido, lo miro que lo tiene un soldado boca abajo, con su pie entre su cabeza y su espalda. Yo estoy preguntando qué es lo que pasa y, ya sabes, preguntando la cuestión de por qué fue detenido, por qué lo tienen así, cuando de pronto lo suben a una tanqueta y se lo llevan. No te sé decir cuántos soldados eran, porque la calle estaba inundada de soldados como dos cuadras a la redonda. En ese tiempo, en el 2008, como la ciudadanía sabe, Ciudad Juárez estaba repleta de soldados. Había muchísimo Ejército, mucha Policía Militar.

Ante los ojos de Brenda e ignorando su exigencia de explicaciones, los militares retiraron a Saúl del lugar, junto a otros cuatro hombres, que ni él ni ella conocían, y quienes estaban también en la zona, realizando una mudanza en una casa vecina al autolavado.

Tal como dicta la ley, los detenidos debieron ser presentados ante el Ministerio Público de forma inmediata para fincarles cargos penales por el presunto delito que hubiese motivado su arresto. Pero, en vez de eso, el Ejército los llevó al cuartel de su Vigésimo Regimiento de Caballería Motorizada en Ciudad Juárez. Aunque llevaban la cara cubierta con su propia ropa, los detenidos pudieron percatarse de que en el lugar donde fueron internados había más gente sometida, debido a los lamentos que escucharon.

Saúl y las otras cuatro personas arrestadas en las calles 16 de Septiembre y Platino fueron torturados durante ocho días por los militares para obligarlos a firmar una confesión en la que reconocían ser parte de una célula delictiva.

Meses después, aquellas cuatro personas contaron que Saúl murió en esa cárcel clandestina a causa de los tormentos a los que fue sometido. Estas personas sobrevivieron, lo mismo que otras seis con las que compartían la celda. A esas diez personas el Ejército les sembró una decena de armas y 26 kilos de mariguana para acusarlas de delitos contra la salud y delincuencia organizada, para simular un exitoso operativo anticrimen.

"Estaban irreconocibles de la cara —narra Brenda—, demasiado golpeados. En sus declaraciones dicen que fueron torturados por varios días. Perdieron la noción del tiempo dentro del cuartel. Siempre dicen que estuvieron dentro del cuartel".

En contraste, la versión de los militares establece que una denuncia anónima sobre gente armada en la vía pública los condujo hasta el lavado de autos de las calles 16 de Septiembre y Platino, en donde no encontraron a nadie portando armamento, pero sí a un grupo de personas con "marcado nerviosismo". Ese fue el *delito* por el que fueron arrestadas.

Uno de los militares que participó en los hechos declaró oficialmente que, luego de su captura, a esas personas se les practicó un "cuestionario inteligente" durante el cual, de forma espontánea y voluntaria, los detenidos "manifestaron ser miembros de la delincuencia organizada y que en el interior del inmueble [en el que realizaban la mudanza] tenían armamento y droga".

Según esta versión oficial, luego de autoincriminarse de manera voluntaria, los detenidos aceptaron ser conducidos al cuartel militar para una revisión médica, en la que se verificó su excelente estado de salud y, más tarde, fueron presentados ante el Ministerio Público.

El Ejército nunca explicó por qué se tomó ocho días para consignar a esas personas y las retuvo en su cuartel, y por qué estaban golpeadas, si su entrega había sido pacífica y voluntaria. Menos posible fue para el Ejército explicar por qué entre los detenidos que presentó ante el Ministerio Público no estaba Saúl, cuando él también era parte del grupo que fue privado de la libertad por los militares.

> Lo primero que hicimos fue irlo a buscar a las dependencias —recuerda Brenda—, pues no sabíamos adónde acudir. Fuimos al cuartel militar y nos decían: "No, aquí no está. Vayan a la PGR [Procuraduría General de la República]". Fui a la PGR y ahí nos decían que era muy pronto para que los detenidos llegaran a ese lugar. "Primero los llevan al cuartel, les ponen una tortura y luego vienen para acá". En la PGR ya sabían el modo de operar de los militares. Salí destrozada pero mi motivación era decir: "Vivo o muerto, yo quiero saber dónde está mi esposo".

Mientras a Brenda le negaban información sobre el paradero de Saúl, las mismas autoridades que lo capturaron filtraban información falsa a la prensa sensacionalista de Ciudad Juárez, que caracterizaba a los detenidos (que para ese momento permanecían desaparecidos) como miembros de una banda criminal denominada Los Aztecas, es decir, como delincuentes.

Como resultado de este acto de desinformación, nadie, salvo la familia de Saúl, vio en su desaparición a manos del Ejército un hecho por el cual alzar la voz, ni siquiera cuando, cinco meses después, en marzo de 2009, su cuerpo fue encontrado junto a una brecha en el desierto, momificado por el sol.

Saúl fue reconocido por su familia cuando un periódico local de contenido policiaco publicó en primera plana una foto de su cuerpo arrojado sobre la terracería.

Los dictámenes forenses concluyeron que el joven rotulista murió a causa de golpes que le fracturaron el cráneo y que el tiempo que llevaba sin vida era equivalente al tiempo transcurrido desde que el Ejército se lo había llevado. Ningún medio local dio cuenta de ello.

Tanto su desaparición como su posterior localización fueron usadas por las autoridades, igual que en muchos otros casos, como prueba de que la presencia del Ejército en las calles era imprescindible ante la proliferación de delincuentes generadores de violencia.

De los 1 824 crímenes de Estado analizados en esta investigación, una tercera parte fue justificada por el Gobierno mexicano a través de la criminalización de las víctimas: fabricándoles delitos, atribuyéndoles un pasado criminal o un comportamiento estigmatizado (vestir o actuar de cierta manera), aun cuando esos antecedentes o características no tuvieran nada que ver con su posterior ejecución extrajudicial o desaparición forzada.

En esos hechos, la táctica elegida por el Gobierno mexicano incluyó detenciones arbitrarias, tortura, desapariciones forzadas, ejecuciones extrajudiciales, criminalización de las víctimas, encubrimiento e impunidad para los perpetradores; una táctica que, desde los albores del conflicto armado, permitió a las autoridades mantener un discurso de pacificación y, por lo tanto, de efectividad política.

Cuando Saúl fue privado de la libertad, había pasado un año desde que el entonces presidente de México, Felipe Calderón, ordenara a las Fuerzas Armadas coordinar todas las acciones oficiales contra el crimen organizado que iniciaron en 2007 con un despliegue de tropas en Michoacán, Guerrero y Baja California. Luego, en 2008, el objetivo marcado fue Chihuahua, en especial el municipio fronterizo de Ciudad Juárez.

> Tenemos que decir que Ciudad Juárez ha sido siempre un laboratorio de este tipo de políticas contra la violencia, el narcotráfico o la delincuencia

organizada, que involucran al Ejército —explica Rocío Gallegos, periodista experta en la cobertura de derechos humanos, fundadora de la Red de Periodistas de Juárez y del portal independiente de noticias *La Verdad*, de Chihuahua—. En 2008 viene Felipe Calderón y empezó el Operativo Conjunto Chihuahua. Luego llegó Peña Nieto y siguió con acciones muy similares. Y ahora llega López Obrador y habla de una nueva estrategia de seguridad y pacificación pero militariza la frontera.

Para 2008, con sus 192 asesinatos el año previo, Ciudad Juárez compartía con Tijuana el primer sitio de la lista de municipios con más homicidios. Por eso Juárez fue seleccionada como la primera plaza cuyo control territorial intentarían recuperar los estrategas de la guerra mediante la ocupación militar prolongada.

Un año tomó a las autoridades planear este operativo, que implicó el envío de 2 500 soldados para la instalación y operación de diez bases militares fijas, 46 bases móviles y un centro de misiones aéreas, con el propósito de abatir la inseguridad y la violencia.

> En estos operativos —explicó el presidente Felipe Calderón al pasar revista a las tropas—, la labor de ustedes, soldados de México, ha sido clave para enfrentar y detener al crimen organizado, porque, gracias a su valentía y a su empeño, asestamos día con día fuertes golpes a la estructura, organización y financiamiento de los criminales [...] Cada operativo en el que ustedes participan significa mayor tranquilidad, mayor esperanza y seguridad para los mexicanos. Así ha sido precisamente aquí, en Ciudad Juárez, donde la violencia ha mostrado una disminución importante desde que están ustedes.*

* Discurso del presidente Felipe Calderón durante su visita a las tropas que participaban en el Operativo Conjunto Chihuahua, Ciudad Juárez, 14 de mayo de 2009.

Pero Felipe Calderón mentía. La mayor tranquilidad, esperanza y seguridad para la población mexicana, divisa en la que sustentaba su legitimidad como gobernante, fue una fantasía acuñada a golpe de despliegues militares que no disminuyeron la incidencia delictiva ni la violencia, sino que las incrementaron.

En Ciudad Juárez, los asesinatos aumentaron siete veces con la llegada de los soldados: de 192 ejecuciones registradas en 2007 se pasó a 1 589 en 2008. De hecho, durante el primer año en que el Ejército aplicó esta estrategia de guerra contra la delincuencia, en Chihuahua se incrementaron los secuestros, los homicidios, los robos de banco, de ganado y de autos, y los delitos sexuales. Lo mismo ocurrió en todas las entidades en las que el Ejército extendió sus operaciones especiales.

Desde el inicio de la guerra, estos despliegues militares han permitido la generación de estadísticas oficiales en las que se registran miles de casos de supuestos delincuentes imputados, capturados o abatidos, además de plantíos y narcolaboratorios destruidos, así como territorios recuperados. Las autoridades apuntalan de esta manera su imagen de efectividad en la construcción de tranquilidad, esperanza y seguridad, gracias a una lucha *heroica* que las Fuerzas Armadas libran contra la delincuencia "día con día".

El 21 de octubre de 2008, cuando los soldados se llevaron a Saúl, fue uno de esos días. Uno más.

■

El 15 de noviembre de 2008, tres semanas después de la desaparición forzada de Saúl, elementos del Ejército allanaron la casa de la familia Guzmán Zúñiga, en Ciudad Juárez, y se llevaron a los hermanos Carlos y José Luis, de 28 y 29 años de edad. No habían cometido ningún delito y, tal como testificaron sus vecinos, su privación de la libertad fue resultado del azar, que los puso en el camino de un contingente oficial que hacía revisiones preventivas casa por casa (sin contar con órdenes de cateo), encabezado por dos camionetas militares con 15 soldados a bordo, escoltadas por vehículos de las policías federal y municipal.

> Estaban en su casa —dice Rosa Icela Zúñiga, tía de los jóvenes—. Carlos viene siendo el más chico y estaba parado afuera de su casa. Y andaban los soldados y policía municipal y federales, andaban revisando casas. Primero llegaron con los vecinos y luego ya se pasaron a la casa de mi hermana y subieron a mi sobrino Carlos a la patrulla. Y luego sale mi sobrino José Luis a mirar qué es lo que está pasando, porque escuchó ruidos. Sale, se asoma y también lo suben los soldados, los subieron a los dos. Los soldados hicieron destrozos en toda la casa, en todos los cuartos, y ya, se los llevaron. Y mi hermana y mi cuñado no estaban aquí, pero ellos se vinieron rápido cuando les avisaron y pronto, ese mismo día, fueron a buscarlos a la guarnición militar, pero ahí les dijeron que no, que ahí no estaban los muchachos. Pero mi hermana asegura que sí miró salir un camión de soldados, con personas que no eran soldados, o sea, con civiles. Y ella asegura que sí miró que iban ahí mis sobrinos y ella se metió hasta las oficinas de la guarnición militar a la fuerza, se metió y les dijo: "Yo acabo de ver que ahí llevan a mis hijos, yo los acabo de ver". Y ellos con que: "No, señora, está usted equivocada, está equivocada".

Tal como ocurrió con Saúl, el Ejército negó haber detenido a los hermanos Guzmán Zúñiga, esta vez incluso a través de un documento oficial, emitido por la Dirección General de Derechos Humanos de la Secretaría de la Defensa Nacional, según el cual "personal militar no participó en la detención y desaparición de los hoy agraviados".

Pero cometió un error: no le avisó a la Policía Federal que iba a negar su participación en los hechos. La Federal, por su parte, emitió un reporte en el que quiso justificar el arresto. Informó que habían detenido a los hermanos Guzmán y que esto había sido posible gracias a un operativo militar-policiaco. En ese documento se afirma que fueron "trasladados a las instalaciones del Regimiento de Caballería Motorizada [del Ejército]", las mismas donde Saúl fue asesinado.

La policía quiso echar mano de la táctica de criminalización de las víctimas y presentó el parte elaborado el día de los hechos. Describía a los hermanos Guzmán Zúñiga con antecedentes delictivos, sin adjuntar evidencias. A José Luis lo calificaban como "presunto extorsionador de yonkeros", es decir, de negocios de autos chatarra, y a Carlos como consumidor de cocaína.

Así, en su afán por deslindarse de la desaparición de ambos jóvenes, la Policía Federal divulgó informes que señalaban al Ejército como la institución responsable de su integridad. El Ejército, sin embargo, no liberó a los hermanos y persistió en negar los hechos.

> Mi cuñado y mi hermana se fueron a buscar a los muchachos —recuerda Rosa Icela—. Anduvieron rastreando nomás ellos dos, anduvieron rastreando por la sierra, por partes que veían. Pero luego en su casa empezaron a molestarlos. Los vecinos les contaban que cuando ellos no estaban, venían los federales, venían los municipales, y tuvieron que irse a Estados Unidos por miedo a que les hicieran algo ahora a ellos. Y allá, el corazón de mi cuñado no resistió el dolor y allá fue donde vino falleciendo. Le dijeron a mi sobrina que había muerto de eso, de corazón quebrado.

La divulgación del parte policiaco en el que se reconoce que el Ejército retuvo a Carlos y José Luis obligó a las autoridades a iniciar una lenta investigación y cuatro años después, en 2013, la PGR levantó cargos penales contra 18 militares de bajo rango. A partir de dichas investigaciones, durante las que se recabaron los testimonios de los involucrados en los hechos, se concluyó que los hermanos Carlos y José Luis Guzmán Zúñiga habían sido asesinados por los militares que los retuvieron. Uno de los hermanos Guzmán, ni siquiera se sabe cuál, murió en el cuartel durante una sesión de tortura y el otro fue conducido a la sierra y ejecutado.

> El caso es que tres de esos soldados sí declararon que habían detenido a mis sobrinos y qué se había hecho con ellos. Dijeron que a uno de mis sobrinos lo torturaron con agua, en un bote con agua, y ahí mi sobrino no resistió y le dio un infarto. Y el soldado que declara eso dice que le hizo saber a su superior que se les había pasado la mano y el superior les dijo que se llevaran al otro que quedaba vivo a la sierra y que acabaran con él y que allá dejaran a los dos. A mi otro sobrino lo mataron a balazos.

Los cadáveres de los hermanos Guzmán siguen sin ser localizados, por lo que son considerados víctimas de desaparición forzada.

Durante 2008 y 2009 la Comisión Nacional de Derechos Humanos (CNDH) recibió 14 denuncias de desaparición o ejecución extrajudicial contra el Ejército Mexicano, en el marco de la Operación Conjunta Chihuahua. Solo en tres de ellos quedaron pruebas fehacientes de la participación de militares.

Esos crímenes fueron atribuidos al mismo grupo de 18 soldados procesados por la desaparición de los hermanos Guzmán. Entre ellos está también la desaparición y asesinato de Saúl, el rotulista.

De ese grupo de militares, 14 fueron absueltos. Contra los cuatro restantes, el proceso penal continuaba al momento en que estas líneas se redactaron. Están en una prisión militar en espera de sentencia.

En contraste, sus mandos, responsables de diseñar e instrumentar esta política sistemática —que constituye crímenes de guerra y de lesa humanidad—, nunca enfrentaron una imputación formal, lo que se ha vuelto una constante: solo se detiene a "manzanas podridas".

El general Felipe de Jesús Espitia, comandante de la Operación Conjunta Chihuahua, se mantuvo en la estructura de mando hasta 2019 y luego pasó a honroso retiro, mientras que el mayor de justicia militar Jesús Zamora Muñoz, responsable de las personas capturadas por el Ejército en Ciudad Juárez en 2008 y 2009, incluidas Saúl y los hermanos Guzmán, fue nombrado fiscal de delitos electorales en Guerrero.

■

Si la guerra contra el crimen organizado no logró inicialmente su objetivo de pacificar el país, y no lo ha hecho luego de más de 16 años de confrontaciones, sino que ha exacerbado y sistematizado la violencia, garantizando impunidad a quienes la ejercen desde las instituciones públicas, ¿qué sentido tiene entonces toda esta violencia?

Para entender la lógica de esta política de Estado, Gabriela Minjares, otra veterana periodista juarense, especializada en la cobertura de violaciones a los derechos humanos, ensaya una hipótesis:

> Sabemos que en una guerra se combate por algo. En este caso, el Gobierno mexicano dice que combate para restaurar la paz. Pero lo que vivimos en Ciudad Juárez a lo largo de estos años no es paz. Lo que vivimos ha sido una simulación, una falsedad. Y las estadísticas lo demuestran: no hay paz aquí ni en ningún lugar del país. Lo que tenemos es una paz que fue creada, una paz falsa, una paz simulada mediante acciones de guerra.

Desde esta perspectiva, la narrativa de las autoridades sobre la mayor esperanza, tranquilidad y seguridad obtenidas con la guerra contra el crimen organizado se revela como ficticia. No se propone la desmovilización de los grupos armados en pugna, solo se contempla el ejercicio prolongado de la fuerza del Estado, incluso por encima de la ley.

Esto, en los hechos, representa el establecimiento de un Estado de excepción, es decir, de un periodo en el que las autoridades se autorizan a sí mismas la transgresión de los derechos constitucionales que protegen a la ciudadanía, en el que los agentes oficiales pueden asesinar o desaparecer personas sin dar explicaciones, con impunidad garantizada, tal como el que se vive en México desde 2007.

El establecimiento indefinido de dicho Estado de excepción puede asumirse como uno de los verdaderos objetivos de la guerra. Por eso la narrativa sobre la pacificación a partir de acciones bélicas ha sido compartida por los grupos políticos que desde entonces han conquistado la presidencia de México, aunque no con el mismo éxito.

A Felipe Calderón, el discurso de la pacificación mediante acciones de guerra le permitió gobernar sin resistencias civiles durante los primeros cinco años de su sexenio, hasta que, en 2011, surgió el Movimiento por la Paz con Justicia y Dignidad, un colectivo ciudadano integrado por miles de víctimas, cuyo peso moral obligó al entonces presidente de México a sentarse públicamente ante ellos y ellas y enfrentar las críticas por lo que, intentando eludir el tema, había llamado "daños colaterales". Un año después, el Partido Acción Nacional, que con Calderón llevaba ya dos periodos en la presidencia, perdió el poder.

Con ese mismo discurso de pacificación armada llegó a la presidencia Enrique Peña Nieto, quien mantuvo elevados índices de aprobación ciudadana durante los primeros meses de su gobierno, hasta que, en 2014, militares, agentes de la Policía Federal, policías municipales de varios ayuntamientos de Guerrero, agentes de la Policía Ministerial y sicarios del grupo criminal conocido como Guerreros Unidos desaparecieron a 43 estudiantes normalistas y asesinaron a seis personas más, durante un despliegue conjunto de fuerzas oficiales y criminales que implicó la toma de Iguala en la noche del 26 de septiembre. Fue un despliegue monitoreado y permitido por el Ejército que, en vez de defender a la población, mantuvo acuartelado al batallón de infantería asentado en esa localidad, tal como revelan los informes de inteligencia militar divulgados. Peña Nieto y su partido perdieron la presidencia en la siguiente elección.

Esta ficción, esta narrativa de la pacificación, fue reeditada por Andrés Manuel López Obrador, aunque en dos sentidos distintos y contradictorios. Primero, como candidato a la Presidencia, prometió suspender las operaciones bélicas emprendidas por sus antecesores y regresar a las Fuerzas Armadas a sus cuarteles, aunque luego, siendo ya presidente, dio marcha atrás y anunció que las Fuerzas Armadas no solo continuarían al frente de la lucha contra el crimen organizado, sino que sus labores se extenderían a la vigilancia de toda la actividad ciudadana con el objetivo de combatir el espectro entero de delitos contemplados por las leyes mexicanas, logrando así los mismos resultados de sus antecesores: un incremento de la violencia, tanto la criminal como la de Estado. El gobierno de López Obrador le dio incluso permiso al Ejército de espiar a periodistas y defensores de los derechos humanos a través del Centro Militar de Investigación.

Para que las hipótesis que postulan la inexistencia de la guerra en México puedan sostenerse en pie deben pasar por la minimización de toda esa violencia. En contraste, la hipótesis de la paz simulada mediante acciones de guerra implica reconocer la existencia de dicha violencia, así como su magnitud generalizada y sistemática. Esto es, dejar de *ver y no ver* la guerra por la que el país atraviesa.

3

El pan nuestro

Fuimos a una manifestación del agua. Nos querían robar el agua. Éramos puros agricultores. Los de la Guardia Nacional traían camionetas grandes. Nos dispararon por la espalda. Yo no sentí los disparos, yo no sentí nada. Yo, cuando menos pensé, ya estaba disparado. Jéssica me habló, porque me dispararon primero a mí, y me dijo que me habían disparado, pero de ahí en más ya no la volví a ver, fue cuando le dispararon a ella. Yo empecé a perder mucha sangre, se me empezó a borrar todo y hasta ahí me acuerdo. A ella le pegaron un disparo en la aorta y le salió por el pecho.
Jaime Torres Esquivel, testigo sobreviviente del ataque en el que fue asesinada su esposa, Jéssica Silva Zamarripa, perpetrado por la Guardia Nacional en Chihuahua, el 8 de septiembre de 2020.

A pesar de que el sol aún no emergía entre los cerros de Apatzingán, el 6 de enero de 2015 el centro histórico ya estaba lleno de gente, básicamente padres y madres de familia que recorrían las tiendas y los puestos ambulantes instalados en las calles aledañas al palacio municipal para adquirir los regalos que sus hijos recibirían al llegar el alba con motivo del Día de Reyes.

Pero esa madrugada la estrella de Belén no solo trajo a los Reyes Magos hasta la cabecera municipal de Apatzingán, sino que también guió a un contingente de 287 soldados y 44 policías federales.

> Soy taquero —dice José Matías Manuel—. Aquí tengo mi puesto. Y en esos días de fiesta, los papás de los niños vienen a deshoras de la noche para comprar el juguete. Esa vez ya eran como las dos de la mañana cuando nosotros empezamos a levantar el puesto de tacos, porque estaba aquí una nieta mía y le faltaba un juguete. ¡Me esperó mi nieta hasta esas horas! Cerramos el negocio y nos fuimos en nuestra camioneta. Iban mi esposa y mis hijos, y estuvimos viendo la exposición de juguetes, pero a mi nieta no le gustó nada. Entonces nos regresamos a la zona del palacio municipal, porque había una juguetería que abría toda la noche. Y cuando llegamos, vi que también va llegando la Policía Federal, y empiezo a oír disparos.

Esa noche había sido elegida por el Ejército Mexicano para realizar en Apatzingán una operación relámpago cuyo objetivo era sorprender a un grupo de manifestantes que mantenía un plantón frente al palacio municipal y capturarlos mientras dormían.

Los manifestantes, cerca de cuarenta personas que dormían apiñonadas en el suelo y en las bancas de la plaza, llevaban dos semanas en protesta exigiendo un descuento en el cobro doméstico de energía eléctrica, así como el reconocimiento de las "autodefensas", es decir, del grupo de civiles armados que había surgido en el último año, igual que en otros puntos del estado, para defender a sus comunidades del acoso de grupos criminales y como "una muestra clara del aumento de la violencia y la falta de una respuesta eficaz de las autoridades de Michoacán para combatirla", tal como concluyó la Comisión Nacional de los Derechos Humanos.*

Se trataba de una manifestación pacífica que no representaba ninguna violación a las leyes, a pesar de lo cual fue identificada como una amenaza para la seguridad del Estado.

> Lo recuerdo como en un sueño —dice José Matías—. Me asusté por los disparos, mi nieta se asustó, y entonces nos metimos a la juguetería. Ahí nos metimos todos, mis hijos, yo, mi hija, mi nieta y mi esposa. También estaban ahí dos taxistas con sus familias comprando juguetes, dos personas que venden películas aquí en la esquina y dos señores que eran albañiles.

Tal como muestran las imágenes captadas por cámaras de seguridad pública, a las 2:34 a. m. el contingente de militares y policías federales arribó en vehículos oficiales a las inmediaciones del palacio municipal de Apatzingán, poniendo en fuga a la gente presente en la zona.

> Llegaron masacrando —narra Alicia Belmonte, mamá de uno de los manifestantes—. A mi hijo, Luis Alfredo Lara Belmonte, me lo capturaron y lo torturaron a un lado del palacio, me lo pisotearon, me lo maltrataron, me lo golpearon. Él tenía 19 años, era el más chico de mis cuatro hijos y se ensañaron con él. Cuando nos entregaron su cadáver, traía un golpe aquí en el ojo, por un culatazo de un rifle, y tenía desbaratamiento de vísceras porque dicen que le pasaron una patrulla encima.

---

* Comisión Nacional de los Derechos Humanos, Recomendación por violaciones graves número 3VG/201.

Las cámaras de vigilancia muestran que la dispersión de los manifestantes tomó algunos minutos y que, luego de eso, el operativo militar se convirtió en una razia. Todas las personas presentes en la zona, mayoritariamente familias que compraban juguetes, se convirtieron en objetivo del ataque.

> Nosotros dijimos: "Ahorita van a agarrar a esas gentes y luego nos vamos" —recuerda José Matías—, pero cuál fue mi sorpresa cuando no fue así. Los federales llegaron también a la juguetería y nos agarraron a todos los hombres. No detuvieron a mi esposa, ni a mi hija y mucho menos a mi nieta. Pero nos llevaron a todos los hombres, éramos siete. Los federales nos amarraron con cadenas. No preguntaron ni quiénes éramos, no nos dieron oportunidad de explicarles nada.

Según los reportes oficiales, en esta operación fueron capturadas 44 personas por el supuesto delito de portar 19 armas de uso exclusivo del Ejército. Todas fueron amordazadas, golpeadas y sometidas a tratos humillantes y vejaciones, como arrodillarse en el piso para que los militares y policías federales se tomaran fotos posando junto a ellos. Fue durante esos abusos que el joven Luis Alfredo fue golpeado y después atropellado con un vehículo policiaco.

Durante las siguientes cinco horas, los soldados y policías federales custodiaron las inmediaciones del palacio municipal de Apatzingán, trasladaron a los 44 detenidos a Morelia y levantaron el cadáver de Luis Alfredo. A las 7:46 horas, el último contingente de vehículos oficiales emprendió la retirada.

Fue en ese momento cuando un grupo de pobladores de Apatzingán intentó darles alcance a bordo de dos camionetas. Querían negociar la liberación de las personas detenidas, muchas de las cuales no tenían vínculo alguno con la protesta contra la que iba dirigido el operativo. La respuesta de la Policía Federal fue atacar a las dos camionetas apenas las vieron acercarse. Mató a nueve civiles:

Alejandro Aguirre Alcalá y Antonio Sánchez Valencia, de 18 años; Guillermo Gallegos Madrigal, José Israel de la Paz Morales y Luis Gerardo Rodríguez Barajas, de 19; José Alfredo Velázquez Reyes, de 20; Miguel Ángel Madrigal Marmolejo, de 35, así como su hermana Hilda y su esposa Berenice Martínez Reyes, de 34 años.

> Mi esposo se llamaba José Alfredo Velázquez Reyes y era limonero —dice Alejandra Contreras, con tres hijos a su cargo—. Fue de los que emboscó la Policía Federal, supuestamente porque le dispararon, pero no es así. En las camionetas donde iba mi esposo y las otras personas no encontraron ningún arma de fuego, puros palos y piedras con lo que trataron de defenderse. O sea, los federales los mataron a sangre fría, a mi esposo le dieron un balazo en el pie y otro en la cabeza. Hay muchos testigos que dicen que, aunque ellos estuvieran vivos y pidieran auxilio, llegaban los policías y los asesinaban donde estuvieran tirados.

Salvador Cortés es hermano de otra de las víctimas: Berenice Martínez Cortés.

> La gente les gritaba que no dispararan. Mi hermana era ama de casa y murió junto con su esposo, Miguel Ángel Madrigal Marmolejo. Y también mataron a la hermana de mi cuñado, Hilda. Salieron las autoridades a decir que fue un enfrentamiento, pero nada de eso fue cierto. Los acribillaron. La gente que estaba cerca empezó a grabar con sus teléfonos y en los videos se ve que mi cuñado recibió un disparo en el abdomen, pero su cuerpo estaba entero, tenía su cabeza, se movía. Pero cuando nos entregaron los cadáveres en el servicio forense mi cuñado ya no tenía la mitad de la cabeza, la mayor parte de su cara ya no la tenía. Lo remataron.

Según los dictámenes de medicina forense practicados a los cadáveres, al menos seis víctimas murieron por disparos en la cabeza.

Nueve días después, 37 de las 44 personas detenidas fueron liberadas por un juez que determinó que no existían evidencias de que hubieran cometido delito alguno. Las autoridades no pudieron explicar cómo es que esas 44 personas habían sido arrestadas de forma individual, supuestamente en portación de un arma cada una, cuando solo 19 armas fueron aseguradas.

El saldo oficial de este despliegue militar y policiaco, que implicó la movilización de más de trescientos elementos para acallar una manifestación pacífica, fue de siete personas procesadas penalmente, acusadas de agredir a tres agentes que resultaron lesionados en el despliegue oficial.

Para ocultar los crímenes cometidos en el operativo, las autoridades borraron la mayoría de los videos grabados por las cámaras de seguridad, con el pretexto de que nadie los solicitó en los siguientes 14 días transcurridos desde los hechos. Los audios de las comunicaciones entre los mandos a cargo del despliegue fueron declarados como "robados".

Además, las autoridades falsificaron dictámenes, para afirmar que las víctimas habían disparado contra los militares y policías federales. Nuevas pruebas periciales demostraron que esos rastros de pólvora eran falsos. Ningún funcionario público fue sancionado por falsear las pruebas periciales.

El mismo día en que las personas detenidas en Apatzingán fueron exoneradas y puestas en libertad, las autoridades estatales renunciaron a la coordinación de todas las acciones de seguridad pública en Michoacán y cedieron esta facultad al Gobierno federal y a sus brazos operativos, el Ejército, la Marina, la Procuraduría General de la República (hoy Fiscalía) y la Policía Federal (que en 2019 fue absorbida por el Ejército para crear la Guardia Nacional).

Cuatro años después de la masacre del Día de Reyes en Apatzingán se anunció la aprehensión de seis policías federales de bajo rango por su responsabilidad en los hechos, sin que exista sentencia hasta la fecha. Al igual que ocurre con el Ejército, sus mandos nunca fueron investigados.

De las 1 824 víctimas de crímenes de Estado identificadas durante esta investigación, 32% corresponde a personas desaparecidas o ejecutadas extrajudicialmente por las fuerzas públicas durante ataques contra localidades enteras o amplios grupos demográficos.

En Michoacán se identificaron ataques contra la población abierta, principalmente en localidades con organización comunitaria. Un año antes del ataque en Apatzingán, la Policía Federal ya había avanzado sobre la población de Antúnez, en el municipio de Paracho, dejando 12 personas desaparecidas. En julio de 2015 atacó también la localidad de Tanhuato, dejando 42 personas muertas, de las cuales al menos 26 fueron ejecutadas y luego sus cadáveres manipulados para simular su participación en un enfrentamiento, como determinó la CNDH. En 2016, autoridades estatales incursionaron en el poblado de Álvaro Obregón, lo que dejó a diez personas desaparecidas, cuyos cadáveres, calcinados, fueron localizados en un municipio vecino. En 2017 las mismas fuerzas estatales sitiaron el pueblo indígena de Arantepecua, ayuntamiento de Nahuatzén, que buscaba el reconocimiento de sus autoridades comunitarias, dejando cuatro personas asesinadas. Y en 2019 el Ejército abrió fuego contra habitantes de La Huacana, cobrando la vida de dos adultos y un menor de edad herido.

Parece absurdo que hechos tan atroces como los conflictos armados pretendan ser normados, limitados en sus alcances y en sus métodos, a través de acuerdos entre "pueblos civilizados", como se denomina en los Convenios de Ginebra a los países firmantes, ya que la violencia extrema y generalizada que estos conflictos llevan implícita es opuesta a toda noción de entendimiento, de respeto mutuo y, en general, de respeto por la vida. Y absurda aparenta ser, también, la pretensión de que dicha violencia adquiera un tinte "civilizado", solo por ser acotada mediante esos mismos pactos internacionales.

Esto es así porque los conceptos contemplados en las "leyes de la guerra" que rigen actualmente fueron elaborados entre finales del siglo XIX y mediados del XX desde una perspectiva que hoy podría resultar limitada sobre lo que da origen a tales conflictos. Esos acuerdos, no obstante, entrañan valores humanitarios cuya vigencia no ha menguado en todo este tiempo, sino que, al contrario, han sido ratificados en el marco de los nuevos escenarios mundiales de violencia.

Cuando estos preceptos fueron establecidos, la imaginación de las naciones impulsoras solo fue capaz de concebir la guerra como un medio para dirimir diferencias irreconciliables entre los gobiernos de dos o más países. Para el caso de los conflictos no internacionales, solo se contempló la posibilidad de que su objetivo fuese desconocer a las autoridades constituidas en un territorio para establecer una nueva autoridad.

En esta concepción algo empolvada, el objetivo de la guerra solo puede ser el derrocamiento de un Gobierno nacional o imponerle los intereses de gobiernos extranjeros, pero no arrebatarles sus derechos a los ciudadanos.

Bajo esta lógica se incubó la idea vigente del trato humanitario, establecida en la Convención sobre las Leyes y Costumbres de la Guerra Terrestre de 1899, según la cual las fuerzas derrotadas en una invasión armada caen "en poder del Gobierno hostil, mas no en poder de los individuos o cuerpos que los capturan", así que esas fuerzas vencedoras no adquieren derecho alguno sobre la vida, la integridad o el patrimonio de los vencidos.

Igualmente, pensando que un conflicto armado solo podría darse para derrotar al Gobierno de un país, sin que las funciones sociales del Estado se suspendan, las leyes de la guerra establecen que la destrucción y los medios para causar daño al enemigo no son "ilimitados", sino que deben ceñirse a "las urgencias de la guerra", es decir, a las medidas pertinentes para vencer las defensas del rival, evitando provocar daños innecesarios que impacten la vida de los civiles y la infraestructura para proveerles bienes y servicios.

Estos convenios internacionales prohíben los ataques y bombardeos a ciudades, poblados o cualquier tipo de asentamiento humano que no esté militarmente defendido, es decir, que no represente una amenaza bélica que deba ser anulada. Y en aquellos conglomerados que sí estén defendidos, prohíben atacar áreas residenciales e instalaciones de salud, educativas, de abasto alimenticio y culturales, salvo en el caso de que hayan sido transformadas en instalaciones militares por alguno de los bandos.

Esta es la guerra civilizada.

En México, la guerra contra el crimen organizado supera los escenarios imaginados cuando se concibieron los Convenios de Ginebra y el derecho internacional humanitario, ya que no existe un grupo armado cuyo objetivo sea derrocar a un Gobierno para sustituirlo, o que busque imponerle los intereses de gobiernos extranjeros.

En nuestro país se disputa la potestad sobre la vida, la integridad, el territorio y el patrimonio de la población. Esa es la forma en que los grupos criminales mexicanos ejercen su poder. Y esa es, también, la forma elegida por las autoridades mexicanas para restablecer su hegemonía donde la considera amenazada o debilitada.

Reflejo de ello es que la estrategia de guerra contra el crimen organizado ha sido, entre 2007 y 2023, el marco en el que se cometieron dos de cada tres ejecuciones extrajudiciales y desapariciones forzadas atribuidas a las autoridades mexicanas identificadas en esta investigación.

■

Según los registros sobre víctimas recabados durante este ejercicio periodístico, la estrategia de ataques abiertos aplicada por las autoridades contra localidades de Michoacán también ha sido practicada en, al menos, otras 18 entidades federativas: Chiapas, Chihuahua, Ciudad de México, Coahuila, Durango, Estado de México, Guanajuato, Guerrero, Hidalgo, Jalisco, Oaxaca, Puebla, Sinaloa, Sonora, Tabasco, Tlaxcala, Tamaulipas y Veracruz.

Siguiendo el patrón de la violencia de Estado ejercida contra poblaciones enteras en Michoacán, aplicado en el marco de la guerra contra el crimen organizado, una parte de las ejecuciones y desapariciones forzadas atribuidas a las autoridades en Oaxaca, Guerrero y Chiapas también ocurrió durante acciones de represión política, aunque en tales entidades este no es el único motivo por el que la fuerza pública se ha ejercido contra localidades enteras o contra amplios grupos demográficos.

Veracruz es un buen ejemplo de esta violencia de Estado que ha beneficiado a las mismas estructuras criminales a las que dice combatir, así como a los grupos políticos coaligados con ellas.

■

El 15 de septiembre de 2011 se organizó una fiesta en el barrio popular de Icazo, en el puerto de Veracruz. El anfitrión fue Ismael de Jesús Pastor Méndez, el Pelón, presunto jefe del cártel de Los Zetas en la región y encargado de la venta de droga en la zona conurbada Veracruz-Boca del Río, la plaza criminal más codiciada en el estado por su actividad económica.

"Era una noche mexicana", recuerda Manuel, un joven que creció en el barrio Icazo, en la colonia Formando Hogar. "El Pelón era de organizar cotorreos en el barrio y se *discutía* con la cena y el chupe. Esa vez sí fueron malandros, pero también gente de la colonia y otras personas de la zona norte que llevaron a sus familias".

Era un convivio barrial en medio de la calle, como muchos otros que se realizan esa noche de celebraciones patrias. De ahí la sorpresa de los asistentes al ver llegar un convoy de patrullas de la Secretaría de

Seguridad Pública de Veracruz con un contingente de policías que, sin dar razón alguna, sometió por la fuerza a las personas que tuvieron a su paso y se las llevaron, tal como denunciaron los sobrevivientes.

"Llegaron las patrullas de los policías estatales y, por sus huevos, empezaron a subir gente. Incluso a los que pasaban por ahí y se quedaban viendo. A los que tenían la puerta abierta de su casa se los llevaron también. A una vecina muy a todo dar [Felisa Concepción Ortiz, de 53 años] y a su esposo [Miguel García Lozano, de 50], que trabajaba en los puestos de verdura del mercado, se los llevaron. Hubo mucha gente inocente ahí", dice Manuel. Veintisiete personas fueron raptadas de la fiesta.

Los policías solo liberaron a dos menores secuestrados, uno de ellos de año y medio de edad, el otro de cuatro. Fueron abandonados esa misma noche en la unidad deportiva Salvador Campa, a cinco minutos en auto de Icazo.

Desde diciembre de 2006, Veracruz era ya escenario de conflictos entre fuerzas gubernamentales y grupos delictivos, pero ese 15 de septiembre terminó de cristalizar una nueva fase de la guerra, una en la que dejó de ser claro si el papel de la autoridad era erradicar a las organizaciones criminales o solo combatir a algunas, en beneficio de otras.

Sobre las víctimas raptadas por la policía estatal en Icazo no hubo noticias sino hasta cinco días después, cuando 35 cadáveres fueron arrojados, a plena luz del día y sin que ninguna autoridad se percatara, bajo el puente de los Voladores de Papantla, en Boca del Río. Eran las 25 personas de Icazo, más otras diez secuestradas en el mismo periodo en otros puntos de Veracruz: 12 mujeres y 23 hombres; cinco de ellas menores de edad, todas con una letra "Z" marcada a cuchillo en el cuerpo.

El grupo criminal Los Zetas, contra el que iba dirigida la masacre, había crecido en Veracruz durante la gestión de Fidel Herrera Beltrán (2004-2010), a quien narcotraficantes juzgados en Estados Unidos afirmaron haber entregado 12 millones de dólares para costear su campaña electoral a cambio de permitir que esa organización se estableciera en la región.

En 2010 llegó a la gubernatura del estado Javier Duarte (actualmente preso y sentenciado por los delitos de asociación delictuosa y lavado de dinero), quien rompió la alianza establecida por su antecesor con Los Zetas y dio por terminada su hegemonía en Veracruz, tras un despliegue de fuerzas policiacas estatales y de la Marina Armada de México.

Esta estrategia obtuvo el reconocimiento y apoyo no solo del Gobierno federal, sino del Cártel Jalisco Nueva Generación (CJNG), grupo delictivo que, a través de un video en redes sociales difundido en junio de 2011, anunció el ingreso a la entidad de su equipo Matazetas para apoderarse de la plaza mediante la aniquilación de sus rivales o de quienes sospecharan que lo eran.

El CJNG aprovechó el video para manifestar "al señor gobernador, Javier Duarte, respeto y admiración por darle lucha a estos mugrosos zetas", y remató su mensaje pidiendo a la ciudadanía respaldar al Ejército y a la Marina en sus operaciones.

Desde ese momento, numerosos asesinatos y desapariciones enmarcados en la lucha entre cárteles —con la ciudadanía en medio del fuego cruzado— fueron cometidos por miembros del Cártel Jalisco con la "autorización, apoyo y aquiescencia" de autoridades pertenecientes al gobierno de Javier Duarte, como concluyó la Comisión Nacional de los Derechos Humanos en 2017. Pero, como demuestra el secuestro y ejecución colectiva de los vecinos de Icazo, otros crímenes fueron perpetrados por cuerpos oficiales, coaligados con la delincuencia organizada.

El asesinato de esas 35 personas, con las que el CJNG anunciaba su ingreso a Veracruz y su lucha contra Los Zetas, llamó la atención de la comunidad nacional e internacional no solo por el elevado número de víctimas o la violencia con la que fueron asesinadas, sino por el lugar donde fueron exhibidos los cadáveres: frente al World Trade Center de Boca del Río, donde dos días después se celebraría la Cumbre

Nacional de Procuradores de Justicia y Presidentes de Tribunales de Justicia de la República Mexicana, encuentro de alto nivel cuya inauguración fue aprovechada por el gobernador Javier Duarte para lanzar un mensaje en tono de amenaza. Lo que ocurrió con esas 35 personas, dijo, "confirma esta triste realidad: los que eligen mal, terminan mal".

Duarte omitió mencionar que al menos 25 de esas víctimas fueron secuestradas por policías estatales para ser torturadas y ejecutadas. Tampoco dijo que la mayoría eran personas inocentes, desvinculadas de Los Zetas o de cualquier otro grupo criminal, y que todas, incluidas aquellas con antecedentes delictivos, tenían derecho a vivir y a ser juzgadas. No mencionó la forma en la que fueron vejadas, ni reconoció que la masacre continuaba, ya que ese mismo día otros 14 cadáveres aparecieron en distintas partes de Boca del Río y el puerto de Veracruz.

A pesar de que el CJNG arrebató a Los Zetas el control del territorio veracruzano, durante la gubernatura de Javier Duarte la violencia no cesó, sino que se intensificó.

La noche del 30 de noviembre de 2012 ocho jóvenes de entre 20 y 35 años fueron víctimas de desaparición forzada y ejecutadas en el municipio de La Antigua, a manos de elementos del Grupo de Coordinación Veracruz Seguro, integrado por policías estatales e infantes de la Marina, tal como acreditó la Comisión Estatal de Derechos Humanos.

Luego, el 11 de enero de 2013, elementos de la policía estatal desaparecieron a ocho agentes municipales de Úrsulo Galván, y el 2 de agosto de ese mismo año secuestraron a 19 personas en el municipio de Atoyac —el menor de ellas, Juan Carlos Martínez Peña, tenía 14 años; la mayor era Luz del Carmen Sánchez Sayas, de 75—, a las que repartieron en ocho patrullas y se las llevaron con paradero hasta la fecha desconocido.

El 24 de enero de 2014, en el municipio de Boca del Río, infantes de Marina y policías estatales de tránsito arrestaron y ejecutaron a

Giovanni Palmero Árciga, con el pretexto de una infracción vial durante el operativo contra el crimen organizado denominado Blindaje Coatzacoalcos.

Con el ingreso del CJNG de la mano de Javier Duarte, Veracruz alcanzó techos históricos en asesinatos y desapariciones de personas, que crecieron 200 y 500%, respectivamente. Además, los reportes de muertes violentas recabados por la Secretaría de Salud muestran que, ese año, con la expansión de este grupo criminal hacia la región oriente de México (Veracruz, Hidalgo, Puebla y Tlaxcala), los asesinatos aumentaron 70 por ciento.

Con la expansión del CJNG, los casos de ejecución extrajudicial y desaparición forzada perpetrados por autoridades estatales o federales en esa región, identificados por esta investigación, se incrementaron: de cuatro casos registrados en 2010 a 44 para el año siguiente.

El CJNG se hizo con el control del puerto de Veracruz, y lo mismo hizo para apoderarse de los puertos de Manzanillo y Lázaro Cárdenas en la costa del Pacífico, según estableció el Servicio de Investigación del Congreso de Estados Unidos, en un informe publicado en julio de 2020, lo que le permitió introducir los precursores químicos necesarios para la elaboración de drogas sintéticas y otras provenientes de América Latina.

Los Convenios de Ginebra establecen que las fuerzas públicas de los estados firmantes, como es el caso del Estado mexicano, están obligadas a respetar las leyes de la guerra y los principios del derecho internacional humanitario, y no quedan liberadas de esa obligación cuando se coaligan con el crimen organizado. Las autoridades mexicanas, aun las que operan en complicidad con la delincuencia, siguen obligadas a no cometer crímenes de lesa humanidad, es decir, ataques generalizados o sistemáticos contra la población. El caso de Veracruz deja ver que la supresión de dichos preceptos es, más que cotidiano y constante, algo sistemático, ya sea como parte de la política de seguridad pública de las autoridades o de las acciones de la autoridad y el crimen organizado orientadas a imponer sus intereses políticos y delictivos por medio de la violencia.

4

UTILERÍA DESECHABLE

Para mí no ha terminado porque siento que esos huesos que me entregaron no son de mi hija. Prefiero pensar que ella sigue en la fiesta, con los otros 12 muchachos y muchachas, que siguen de fiesta y que algún día van a regresar.

Julieta González, mamá de Jénnifer Robles González, de 23 años, desaparecida junto a otros 12 adolescentes y jóvenes por integrantes del crimen organizado y policías de la Ciudad de México, en 2013.

Al fondo de la barranca yace el cuerpo sin vida de un hombre joven, de piel morena y espesa barba negra. Lo cubren los matorrales que abundan en las zonas más alejadas del Bosque de Chapultepec, en la Ciudad de México, donde ha permanecido los últimos tres días, hasta que este 7 de septiembre de 2021 ha sido descubierto por ciclistas que recorrían las pendientes del parque, el más grande de la capital del país, con sus 680 hectáreas.

En la cabeza, en la nuca y en el pecho pueden apreciarse laceraciones y moretones, lo que hace pensar a los ciclistas que cayó accidentalmente por la barranca, que se lesionó de forma grave en el descenso y que esto le provocó la muerte. También se percatan de que en los brazos lleva tatuados tres nombres femeninos y uno masculino, así como un apellido en el cuello, "Serna", pero en los bolsillos de su pantalón no hay ninguna identificación u otra pista que indique su procedencia, así que dan aviso a las autoridades, que poco después se presentan en el lugar para llevarse el cuerpo en calidad de "desconocido".

No ha pasado mucho tiempo desde entonces, acaso algunas horas, cuando entre los árboles de esta misma zona del bosque se escuchan dos voces. Son gritos que la floresta ahoga hasta convertir en susurros, emitidos por una mujer de edad avanzada y por el hombre que la acompaña, a quienes puede verse a la distancia, caminando por el carril asfaltado. Se acercan al lugar donde antes se hallaba el cuerpo y en donde solo ha quedado una patrulla de la Secretaría de Seguridad Ciudadana custodiando el área.

Esas personas son la señora María de los Ángeles y su hijo mayor, Luis, que recorren las barrancas del Bosque de Chapultepec en busca del menor de la familia, un hombre de 30 años al que la policía se llevó detenido hace tres días y cuyo nombre repiten a gritos, con la esperanza de que responda desde algún sitio entre la vegetación.

La señora María de los Ángeles se acerca a los patrulleros y les informa que su hijo desaparecido es moreno, de barba abundante, que lleva pantalón negro, botas, así como distintos tatuajes, y que su nombre es José Alberto Serna Rojas, "Serna", como el tatuaje en el cuello del cadáver retirado de ese mismo lugar.

> Mi hermano fue detenido el 4 de septiembre de 2021 —dice Luis—. Ocurrió en la colonia Daniel Garza, en donde crecimos y en donde siempre vivió. Mi hermano José Alberto acababa de salir de su trabajo, era herrero, y se fue a echar unas cervezas con sus amigos cerca de la casa y ahí estuvo hasta las 10 de la noche. A esa hora su expareja fue a buscarlo. Se habían separado tres meses antes, pero la mujer llegó a hablar con él

acompañada de su mamá. Hay testigos de eso, hablaron tranquilamente y mi hermano se fue con ellas a la casa de la suegra, que también está cerca de ahí. La suegra se metió a su casa y afuera, en la banqueta, se quedaron mi hermano y su exmujer, discutiendo. Tenían 11 años juntos y una hija pequeña, pero los últimos cinco años ya estaban muy mal, discutían seguido. Vivían en la casa de mi mamá, pero cuando se peleaban, la expareja de mi hermano se iba a la casa de su familia y luego de unas semanas o unos meses ella volvía, y así estaban siempre. Entonces, ese 4 de septiembre discutieron en la banqueta y luego de un rato la mujer se metió a la casa de su mamá y mi hermano se quedó afuera y empezó a chiflarle para que volviera a salir. Pero la que salió fue la suegra, que le habló a la patrulla.

Imágenes captadas por cámaras de seguridad instaladas en la colonia Daniel Garza muestran el momento en que al menos tres patrullas llegan al lugar donde está José Alberto y de ellas descienden cinco policías preventivos, quienes lo golpean en grupo para obligarlo a subir a uno de los vehículos oficiales.

Una vecina dijo que mi hermano no se puso altanero, no se puso agresivo con los patrulleros, ni con la suegra o con mi cuñada, pero sí se aferró de unos tubos para que no se lo llevaran. Es en ese momento cuando los policías empiezan a forcejear con él. Un policía le pega en la cabeza con la cacha de la pistola, lo agarran de la barba y lo zangolotearon bien feo. Y es ahí cuando mi hermano cede y se lo llevan. A mí me sorprendió tanta violencia que usaron porque, en primera, mi hermano estaba con unas cervezas encima. En vez de pelear, nada más alcanzó a agarrarse del tubo. Además, él no era una persona robusta, ni violenta. No se explica por qué tenían que golpearlo entre cinco policías, maltratándolo tan feo.

Ese momento es el último en que se vio a José Alberto con vida. Durante los siguientes tres días su familia se dedicó a buscarlo en los centros de detención administrativa de la capital del país, en agencias del Ministerio Público, en hospitales, incluso en cárceles y en el Servicio Médico Forense.

> Más que nada, lo que nos extrañó mucho fue que se lo había llevado una patrulla pero en ningún lado aparecía, eso se nos hacía inconcebible. Pero ninguna autoridad sabía de él, ni hacían nada por buscarlo, solo nos hicieron un cartel de "Desaparecido" con una foto de José Alberto que nos pidieron [en la Fiscalía de Justicia local] para que nosotros mismos lo repartiéramos. Pusimos ese cartel en colonias de por aquí [en la alcaldía Miguel Hidalgo] y de otros lados de la ciudad. Anduvimos en muchas colonias pegando carteles y en eso andábamos cuando mi mamá se encontró a un vecino. Y ese vecino le dijo: "Aquí en la colonia es sonado que los policías le pegan a las personas y luego van y las avientan a la barranca".

Dada la falta de pistas sobre el paradero de José Alberto, su mamá decidió atender el rumor y partir en ese mismo momento hacia las barrancas ubicadas en la tercera sección del Bosque de Chapultepec.

> Cuando llegamos, empezamos a seguir el camino del bosque y a gritar el nombre de mi hermano y sus apodos. Le decíamos Enano, porque era el hermano menor, pero aquí todos los vecinos lo conocían como Barbas. Empezamos a gritar y, pues no, ninguna respuesta. Entonces mi mamá vio a una patrulla estacionada en el camino, se acercó y les comentó a los policías que estábamos buscando a una persona desaparecida, pero ellos no quisieron decirle nada, hicieron como si no supieran de qué les hablábamos y se retiraron del lugar. Seguimos gritando y buscando hasta que nos encontramos a unos albañiles que laboraban por ahí arriba, y le dicen a mi mamá: "Mire, señora, en la mañana encontraron aquí el cuerpo de una persona sin vida, pero no sabemos quién pudo ser". En eso,

> una vecina nos avisa por teléfono que acababa de aparecer una publicación en Twitter en la que se hablaba de un cadáver que habían encontrado ese mismo día en Chapultepec y lo describía como un hombre joven, con pantalón negro, botas negras y barba. Mi mamá se nos puso muy mal.

El dictamen forense indica que el herrero murió a causa de traumatismo craneoencefálico. Presentaba además traumatismo cervical y traumatismo toráxico, lesiones provocadas estando bajo custodia de la policía. Su cadáver fue ocultado intencionalmente y arrojado a la barranca, mientras que a la familia se le negó información sobre su paradero.

José Alberto se convirtió en víctima de desaparición forzada y de ejecución extrajudicial tras incurrir en una acción que ni siquiera se considera un delito: silbar a volumen elevado durante la noche de un martes cualquiera, en una calle de la capital del país, la región supuestamente más segura de todo el país, gobernada entonces por Claudia Sheinbaum.

José Alberto se sumó así al grupo de víctimas más numeroso dejado por la política de seguridad pública desde el inicio de la guerra contra el crimen organizado: los jóvenes.

Desde 2007 la mitad de las víctimas de asesinato han sido "adultas jóvenes", de entre 25 y 44 años de edad, según los registros generados a partir de las actas de defunción que elaboran las autoridades. Otro 20% de los casos corresponde a "jóvenes" de 14 a 24 años.*

Así, la juventud mexicana (conformada por adolescentes, jóvenes y adultos jóvenes) ha puesto siete de cada diez víctimas de

* INEGI, defunciones por homicidio.

asesinato durante el tiempo en que se ha librado la guerra contra el crimen organizado.

Por otra parte, también debe considerarse que, de los 115 000 casos activos de desaparición reconocidos por el Gobierno mexicano, la mitad corresponde a personas que pertenecen a este sector demográfico.

Eso hace de la juventud el grupo poblacional más afectado por la violencia de la guerra en México y, particularmente, por la violencia de Estado, ya que 47 de cada cien víctimas de desaparición o ejecución, atribuidas a fuerzas estatales o federales (identificadas en esta investigación) son personas de 14 a 44 años.

Al ser un país demográficamente joven, en el que la mitad de los habitantes está en ese rango de edad,* podría considerarse normal que este sector de la población sea el principal afectado por cualquier fenómeno social, incluido el de la violencia. Si un grupo está más representado que otros, también es mayor la posibilidad de que las personas que enfrentan situaciones expandidas entre todo el conjunto provengan de ese grupo numeroso.

El cúmulo de crímenes recabados en esta investigación deja ver que, desde el inicio de la guerra contra el crimen organizado, la violencia de Estado no solo se ha ejercido de forma generalizada contra toda la población, sino que ha sido aplicada de manera focalizada contra miembros de sectores específicos, elegidos bajo criterios de edad, sexo, condición socioeconómica, características físicas o por alguna condición de vulnerabilidad fija o transitoria. Personas que mostraron comportamientos que para la autoridad fueron "indebidos", aunque no representaran delito alguno: vestir cierta ropa, reunirse en ciertos lugares o consumir determinados productos culturales. También habitantes de ciertas localidades;

* INEGI, Censo de Población y Vivienda 2020.

manifestantes que participaban en procesos organizativos; personas que se encontraban en inferioridad física ante los agentes oficiales; integrantes de sectores oprimidos, marginados o estigmatizados, como las mujeres, la gente de bajos ingresos, quienes consumen drogas o sustancias psicoactivas; los que no tienen ocupación o portan tatuajes.

La juventud mexicana se cruza con todos esos criterios de vulnerabilidad a partir de los cuales las autoridades han aplicado la política de seguridad establecida desde 2007, y la Ciudad de México acumula algunos de los casos que mejor ilustran esta violencia de Estado aplicada contra la juventud.

En mayo de 2008, siguiendo las pautas estratégicas del Gobierno federal, las autoridades de la Ciudad de México establecieron una táctica de seguridad pública que fundió las estructuras de dirección de la policía preventiva (encargada de disuadir la comisión de delitos) y de la Procuraduría de Justicia (encargada de investigarlos, ya que se cometieron) en una sola instancia de toma de decisiones: Sistema de Coordinación Policial "Unipol".

El entonces jefe de Gobierno de la ciudad, Marcelo Ebrard Casaubon, anunció que con este nuevo mando policial unificado se lograría reducir en 10% los delitos de alto impacto —asesinatos, secuestros, lesiones intencionales, robos— en las cinco regiones de la capital del país en las que se cometían con mayor frecuencia, una meta que el mismo funcionario dio por cumplida el 12 de junio de 2008. Por esta razón, añadió, las exitosas operaciones del sistema Unipol habrían de continuar y redoblarse, siguiendo la política de "cero tolerancia" que pocos años antes, siendo jefe de la policía capitalina, había instaurado.

Sin embargo, ocho días después de que el mandatario local presumiera la efectividad de su política de seguridad en la reducción de los delitos de alto impacto, el sistema Unipol demostró ser una farsa que solo buscaba aparentar la disminución de la violencia, tal como hacían las autoridades federales, mediante la escenificación de intervenciones espectaculares de la fuerza pública. Una farsa aplastante, asfixiante, en cuyo montaje las autoridades de la Ciudad de México usaron a jóvenes de bajos recursos, provenientes de colonias populares, como utilería de desecho.

"¿Cómo me describo?", dice la señora Carmen Rivas, con voz calma, repitiendo la pregunta que previamente se le formulara. "Me describo como una persona siempre enferma, siempre con preocupaciones, siempre triste, siempre impotente... y siempre con mucho coraje. Antes era una persona sana, pero ya no, desde que las autoridades mataron a mi hijo Leonardo Amador Rivas en el operativo del 20 de junio [de 2008], en la discoteca New's Divine".

Leonardo, de 24 años, aspiraba a convertirse en veterinario, pero las carencias económicas lo obligaron a dejar los estudios y a trabajar para apoyar a su papá, taxista de oficio, y a su mamá, ama de casa que completaba su gasto lavando y planchando ropa ajena.

Todos los días, Leonardo se despertaba a las 3 de la mañana y conducía el taxi familiar durante la madrugada. A las 7 de la mañana entregaba el vehículo a su papá, para comenzar la jornada en su segundo trabajo, como chofer de microbús, en una ruta de transporte público concesionado, que concluía cuando llegaba la noche. Fue en ese ánimo de contribuir a la economía familiar que, en abril de 2008, Leonardo consiguió un tercer trabajo, ahora como vigilante en la discoteca New's Divine, en el que solo invertía algunas horas de cada día viernes.

En la discoteca, ubicada en la alcaldía Gustavo A. Madero, se reunían jóvenes de bajos ingresos provenientes de las colonias populares aledañas para bailar reguetón y beber cerveza en horario nocturno. Además, los viernes de 14:00 a 20:00 horas, la discoteca abría sus puertas a los adolescentes de la zona para que bailaran y convivieran sin consumo de alcohol. Leonardo obtenía 200 pesos por cuidar el acceso a la discoteca durante esas *tardeadas* semanales.

"A él le gustaba ese trabajo porque era muy tranquilo", recuerda la señora Carmen. "Decía que los viernes en la tarde solo iban a bailar chavitos de secundaria, a veces hasta de primaria, y él lo único que hacía era revisar que no fueran a entrar con droga, con cigarros o con bebidas. Él me decía que le daban 200 pesos por rascarse los piojos".

El 20 de junio de 2008 los estudiantes de secundarias cercanas eligieron la discoteca New's Divine para celebrar (con dos semanas de anticipación) el fin de su ciclo escolar, ignorando que el sistema Unipol los había seleccionado, así como al lugar en el que solían reunirse, para realizar un operativo policiaco que pretendía arrojar un gran número de detenciones, en congruencia con el discurso de efectividad y mano dura propagado por las autoridades de la Ciudad de México.

Esos adolescentes fueron seleccionados porque, tal como dijo el primer superintendente Luis Rosales Gamboa, que en ese momento era el segundo mando en importancia dentro de la estructura de la policía preventiva, procedían de "una colonia de alto riesgo, donde vive mucho delincuente". La discoteca New's Divine fue elegida porque "me dijeron que había mujeres en paños menores, que se estaban drogando en los baños", según afirmó Guillermo Zayas, encargado directo del operativo.

Esos fueron los pretextos para realizar la intervención policiaca. Tal como reveló este jefe policiaco, dichos estudiantes fueron seleccionados de forma previa como los supuestos delincuentes a someter y exhibir públicamente. Para ello, dijo Zayas, ese viernes 20 de junio los adolescentes fueron espiados y seguidos desde que se encontraban en la escuela para asegurar su captura. Horas antes del operativo, afirmó, "los *indicadores* [policías vestidos de civil] estuvieron desde temprano sondeando en las escuelas y monitoreando a los alumnos, respecto de lo que hacían".*

Fue alrededor de las 18:00 horas, mientras en la discoteca había cerca de trescientos jóvenes, que llegó un contingente conformado al menos por 180 policías preventivos, una decena de agentes de la Procuraduría General de Justicia, así como funcionarios administrativos de la alcaldía Gustavo A. Madero, provistos de un autobús vacío que se proponían llenar con jóvenes detenidos.

Para que esos trescientos jóvenes no pudieran escapar del arresto planeado, al iniciar el operativo se ordenó al contingente policiaco encerrarlos dentro de la discoteca. Y para someterlos, los policías los rociaron con gas lacrimógeno y comenzaron a golpearlos. Eso provocó una estampida, en la que nueve jóvenes perdieron la vida, aplastados y asfixiados, lo mismo que tres agentes. Desde la calle, otros policías mantenían la puerta bloqueada.

> A mi hijo le faltaban como tres escalones para llegar a la salida del New's Divine —explica la señora Carmen—. Leonardo aparece en los videos que tomó la policía desde dentro y se ve que está tranquilizando a las muchachas que gritan, y ya luego aparece muerto sobre unas mochilas. Dicen que las personas que mueren por asfixia no sufren, que nada más se desvanecen cuando se les acaba el oxígeno y mueren, pero yo no estoy segura de que Leonardo haya muerto por sofocación. Yo no soy médica ni tengo estudios, nomás estudié hasta la primaria, pero no creo que mi hijo se asfixiara porque sus labios no estaban morados, ni sus uñas. Además, su ropa estaba empapada en sangre cuando me la entregaron. Su playera pesaba de tanta sangre que había absorbido, pero cuando pregunté por qué estaba así,

* Testimonios rendidos ante representantes de la Comisión de Derechos Humanos del Distrito Federal, incluidos en su recomendación 11/2008.

> las autoridades me dijeron que la presión sanguínea hacía que la sangre se saliera de los cadáveres por los ojos. Yo no tengo ninguna preparación, pero tampoco soy pendeja y sé que cuando una persona muere ya no tiene presión sanguínea. Y yo lo que quisiera saber es si mi hijo sufrió o no sufrió, esa es la incertidumbre que a mí me mata, ese es el coraje que le tengo al Gobierno.

Que Leonardo no falleció por asfixia, como afirma la versión oficial, sino como resultado de una agresión intencional de la policía en el transcurso del operativo, no es una sospecha infundada. Durante las investigaciones posteriores, uno de los sobrevivientes declaró haber presenciado el momento en que "policías golpearon con un tolete al dueño y al personal de seguridad de la discoteca". Otro narró que esa agresión contra los empleados se dio cuando "intentaban levantar a los jóvenes tirados".

Las imágenes captadas por las autoridades durante el operativo muestran a los policías apostados en la banqueta, esforzándose por mantener cerrada la puerta del lugar, a pesar de que los jóvenes atrapados empujaban para poder salir y rompían las ventanas de la segunda planta del inmueble para tomar aire y pedir auxilio.

Además de las 12 víctimas fatales que dejó esta intervención policial, otros 16 jóvenes sufrieron lesiones, convulsiones y pérdida del conocimiento por aplastamiento, asfixia y golpes propinados por las autoridades. Muchos enfrentaron secuelas en los años posteriores. En uno de esos casos, el de Jénnifer Jiménez Martínez, de 15 años, la falta de oxigenación le ocasionó daño cerebral permanente.

Ninguna de las víctimas pudo recibir atención médica oportuna porque las vialidades alrededor de la discoteca estaban bloqueadas por los vehículos de la policía y por el autobús que había llevado para trasladar a los jóvenes arrestados. La única ambulancia, como se ve en los videos, fue destinada a la atención exclusiva de los uniformados que resultaron lesionados en la estampida, luego de la cual, por cierto, el operativo continuó.

Durante las siguientes tres horas, los policías de la Ciudad de México se dedicaron a poner bajo arresto a 102 jóvenes que mantenían encerrados en la discoteca New's Divine y que sacaron a golpes y pusieron a bordo del autobús oficial, mientras los muertos o heridos fueron colocados en fila sobre la calle.

Una vez lleno el autobús, los policías abordaron dos camiones de la Red de Transporte de Pasajeros que habían quedado atrapados en el embotellamiento y los llenaron con más jóvenes.

Tal como comprobó la Comisión de Derechos Humanos local, los policías no solo golpearon a los menores y jóvenes arrestados, también les robaron su dinero y aretes, collares, relojes, zapatos, pulseras y, especialmente, los teléfonos celulares con los que habían grabado los abusos de la autoridad dentro y fuera de la discoteca, después de lo cual fueron trasladados a instalaciones del Ministerio Público y a cuarteles policiales, donde fueron fotografiados y vejados con más golpes, insultos y tratos humillantes. En el caso particular de las niñas arrestadas, fueron obligadas a desnudarse, para ser fotografiadas, videograbadas y sometidas a tocamientos y abusos sexuales por los policías, funcionarios ministeriales y médicos legistas encargados de su custodia.

Mientras el traslado de los detenidos se realizaba, como corolario, los familiares que intentaron acercarse al lugar fueron golpeados por los policías preventivos.

"Yo brinqué a la policía y quise entrar", recuerda la señora Carmen, "pero sentí el jalón en el pelo. Yo lo que hice fue darle un golpe a ese policía y decirle, con palabras altisonantes, que mi hijo trabajaba ahí y quise volver a entrar, pero los policías me sacaron a empujones y golpes".

Al resto de los menores y jóvenes que estaban en la discoteca, pero que ya no cupieron en los autobuses, la policía les permitió irse, no sin antes golpearlos, amenazarlos y despojarlos de sus teléfonos celulares. Pero no se fueron, se quedaron frente a la discoteca, intentando asistir a las personas heridas y muertas, arrojadas sobre la banqueta y la cinta asfáltica, tratando de reanimarlas, dándoles masaje al corazón, quitándoles prendas de vestir que pudieran dificultar la circulación sanguínea o la respiración, agitando ropa sobre ellas para empujar aire hacia sus rostros, gritándoles, entre sollozos: "¡No te duermas, no te duermas!".

Así murieron Erika Janeth Rocha Maruri, de 13 años; Alejandro Piedras Esquivias, de 14; Daniel Alan Ascorbe Domínguez, de 15; Isis Gabriela Tapia Barragán, de 16; Mario Quiroz Rodríguez y Rafael Morales Bravo, de 18; la agente de la policía preventiva Remedios Marín Ruiz, de 20; Mario Alberto Ramos Muñoz, de 22; Lenoardo Amador Rivas, el hijo de la señora Carmen, de 24 años; Heredy Pérez Sánchez, de 29; además del policía ministerial Pablo Galván Gutiérrez, de 55, y el policía preventivo Pedro López García, de 65.

En el intento por ocultar la responsabilidad institucional en estos hechos, Marcelo Ebrard anunció que se ejercería "castigo" contra los funcionarios responsables del operativo y, como muestra de "transparencia", presentó el video captado por la policía, aunque en una versión editada, en la que fueron suprimidas aquellas imágenes que mostraban los abusos y actos negligentes de los policías.

De esta manera, el Gobierno de la Ciudad de México estableció una narrativa oficial exculpatoria, según la cual dentro la discoteca New's Divine "no se produjeron manifestaciones de pánico ni desorden entre las personas" por la presencia de los uniformados, sino que estas iniciaron cuando los jóvenes no pudieron salir por la puerta del lugar, que no fue bloqueada por los agentes que se hallaban en la calle. Debido a una deformación en su estructura, presentaba "fricción contra el muro", lo que impidió su apertura.

Esta versión oficial atribuyó la tragedia al dueño de la discoteca, al tratarse de un lugar que "evidentemente no debía estar funcionando", tal como dijo Marcelo Ebrard, a pesar de que contaba con permisos vigentes de operación. También habló del comportamiento imprudente e indisciplinado de las víctimas, ya que "los organizadores y conductores del evento actuaron con evidente irresponsabilidad".

Dos semanas después de los hechos, la Comisión de Derechos Humanos local halló el video original, no editado, que la policía captó en el transcurso del operativo y lo hizo público. Así se evidenciaron las mentiras del Gobierno de la Ciudad de México.

■

Mantener en efervescencia el discurso de efectividad y mano dura contra la delincuencia, como supuesta vía para restablecer y mantener la paz en el país, ha sido un medio de legitimación para las fuerzas políticas que han alcanzado la presidencia de México durante los más de 16 años que ha durado la guerra contra la delincuencia organizada.

Ese discurso de efectividad, compartido por los grupos políticos que han conquistado el poder, ha sido defendido de forma particular cuando se habla del territorio que ocupa la Ciudad de México, asiento de los poderes Ejecutivo, Legislativo y Judicial, con una consigna común: que está libre de la operación del crimen organizado, gracias a la lucha librada en su contra a nivel nacional.

Alimentar este discurso, con el que se presenta a la Ciudad de México como un territorio en el que prima el orden público, fue lo que llevó a las autoridades capitalinas a planear el operativo en la discoteca New's Divine que concluyó con 12 personas muertas. Y esa fue también la razón por la que cinco años después, en 2013, las autoridades locales y federales trataron de ocultar otra masacre, cuya ocurrencia ponía en entredicho eso que se presentaba como un logro de la guerra contra el crimen organizado: la supuesta inexistencia de cárteles en la capital del país. Una masacre que, además, evidenciaba la colusión de estos grupos con las autoridades encargadas de combatirlos y que, por triste coincidencia, también inició en una discoteca, el Heaven.

■

> Yo me acuerdo que ese día [domingo 26 de mayo de 2013] fue la final América contra Cruz Azul —rememora la señora Eugenia Ponce, tía de Jersy Ortiz, un adolescente de 16 años oriundo de Tepito, un conglomerado de colonias populares ubicado en el centro de la Ciudad de México por el que se extiende el inmenso mercado callejero con el que comparte nombre—. Todos nosotros, en la familia, somos americanistas. Aquella vez, alguien había conseguido boletos para la final y todos los hombres de la familia se organizaron para ir al estadio, incluido Jersy. Pero él se había ido de fiesta un día antes y ese domingo no llegó a la hora en que habían quedado para irse todos al partido. Le hablamos varias veces y no contestaba el teléfono, lo traía apagado, y en un principio creímos que se le había acabado la pila, que nomás había dejado perder el boleto y que a lo mejor se había quedado en la casa de algún amigo para ver la final en la tele. Pero en la tarde, su mamá, que es mi hermana, ya estaba muy preocupada. Todas nos preocupamos. Entonces mi hermana fue a presentar la denuncia al CAPEA [Centro de Atención a Personas Extraviadas y Ausentes, del Gobierno capitalino], pero ahí, en vez de orientarla, los empleados la *cagaron*: "¿Cómo es posible que, con 16 años, usted lo deje salir?". Así la sermonearon. Pero estando ahí, mi hermana se da cuenta de que había otras personas platicando entre ellas, hablando de que sus familiares también se habían ido de fiesta un día antes y que no aparecían. Entonces ella se les acerca y así, con lo poquito que sabían unos y lo poquito que sabían otros, se fueron dando

cuenta de que todos estaban buscando a gente que se habían llevado del mismo lugar, que era el bar Heaven.

Ubicado en las inmediaciones de la sede central de la policía capitalina, en la Zona Rosa de la Ciudad de México, el bar Heaven era un establecimiento que, al menos entre 2011 y 2013, funcionó como una discoteca que clandestinamente operaba de madrugada y de día, como continuación de la oferta de entretenimiento para quienes salían de los antros con horario legal nocturno.

La señora María de Jesús, hermana de Eulogio Fonseca, otra de las personas que, como Jersy, fue raptada en ese bar, retoma la narración: "Una persona se acercó a las familias y dijo que había estado ahí, en el bar Heaven. Contó todo lo que pasó. Dijo que ese día estaban ahí los clientes y, en eso, el personal del bar avisó que iba a haber un operativo y vio entrar a gente armada. Lo que hizo esta persona fue subirse corriendo a la azotea y esconderse. Y nos contó que esas personas armadas se llevaron a los muchachos".

Una segunda persona sobreviviente, que también logró esconderse en la azotea antes de que comenzara el rapto colectivo, narró que los secuestradores iban acompañados de policías preventivos de la Ciudad de México, algo que confirmaron las investigaciones posteriores.

"Esto empezó así", prosigue, con aplomo, la señora Leticia Ponce, mamá de Jersy. "En 2013 estaban dos grupos criminales peleándose los bares de la Ciudad de México, porque ahí venden droga. Esos grupos eran La Unión Tepito y La Unión Insurgentes. Un día, la Unión Tepito les mata a una persona a los de la Unión Insurgentes y ellos, en represalia, atacan el bar Heaven".

Tal como consta en videos captados por las cámaras de vigilancia de un negocio aledaño, el ataque contra los clientes del bar Heaven se perpetró entre las 10:00 a. m. y el mediodía, mientras a unos pasos de ahí se desplegaba un amplio operativo policiaco para dar seguridad a la gente que se encontraba en Paseo de la Reforma, donde se realizaba una carrera atlética, un recorrido ciclista y la Feria Internacional de las Culturas Amigas.

Estos videos muestran el momento en que al menos dos decenas de personas, que cubren sus rostros con capuchas y ocultan armas largas bajo abrigos y ropa holgada, llegan al bar Heaven en distintos vehículos e ingresan al negocio, quedando algunos de ellos vigilando en el exterior. Durante las siguientes dos horas se ve a esas personas armadas salir a la calle con sus víctimas sometidas, una a la vez, para ponerlas a bordo de los autos en los que habían llegado y, finalmente, partir sin contratiempo alguno.

En total, 13 clientes del bar Heaven fueron secuestrados por ese grupo delictivo, que operó con apoyo de la policía, a plena luz del día: Jerzy Ortiz Ponce, de 16 años; Alejandro Saíd Sánchez García, de 19; los hermanos Aarón y Josué Piedra Moreno, de 20 y 29, respectivamente; Jénnifer Robles González, de 23; Guadalupe Karen Morales, de 24; Gabriela Ruiz Martínez, de 25; Alan Omar Atiencia y Eulogio Fonseca, de 26; Montserrat Loza Fernández, de 28; Alan Francisco Menchaca Bazán, de 31; Rafael Rojas Marines, de 33; y Gabriela Téllez Samudio, de 34.

En la versión oficial, ninguna autoridad se percató de lo ocurrido.

En contraste, en la interpretación de las familias de las víctimas, "la policía estaba en contubernio con ellos", tal como afirma la señora Leticia, mamá de Jersy. Había 48 cámaras de seguridad pública en ese perímetro y, extrañamente, ninguna vio nada. "Pero, a ver, oríname atrás de una maceta en Paseo de la Reforma y verás si no llegan varias patrullas antes de que termines. Así de sencillo. Esa es una de las zonas más vigiladas del país. Pero cuando se llevaron a nuestros hijos, nadie vio nada".

La primera manera en que las autoridades intentaron ocultar estos hechos, para preservar la imagen de paz y orden en la capital de la República, fue ignorándolos, negándose a tomar la denuncia de secuestro que las familias de las víctimas trataron de interponer, sin éxito, durante los siguientes tres días.

El Gobierno de la Ciudad de México, encabezado por Miguel Ángel Mancera (sucesor de Marcelo Ebrard y del mismo partido), solo admitió la ocurrencia del secuestro colectivo e inició una investigación formal cuando las familias, desesperadas, se plantaron ante los vehículos que circulaban por un eje vial, obstruyendo el paso y provocando graves afectaciones al tránsito de la ciudad, lo que concitó la atención ciudadana y periodística al menos por unos días.

Sin embargo, en un intento por minimizar los hechos, las autoridades revelaron a la prensa que dos de las víctimas secuestradas, Jersy y Saíd, tenían familiares que estaban recluidos, por los delitos de extorsión y delincuencia organizada. Esa información fue filtrada por las autoridades capitalinas, en calidad de antecedente delictivo de Jersy y Saíd (que tenían 6 y 9 años, respectivamente, cuando sus familiares fueron apresados). A partir de ello, las 13 víctimas del bar Heaven fueron acusadas de pertenecer a una banda criminal que el Gobierno bautizó como Los Tepis.

> Empiezan a hablar de que nuestros hijos vendían droga —recuerda Josefina García, la mamá de Saíd, una mujer de mirada melancólica—, que nuestros hijos eran de un grupo al que llamaban Los Tepis, o sea, cosas que no sé de dónde sacaron, nadie jamás oyó hablar de esa banda. Y dijeron que todos eran de Tepito, aunque eso no era cierto. Entre los 13 secuestrados había gente de diversas colonias. Los muchachos no iban todos juntos, iban en grupos de dos, de tres personas, y no se conocían.

A partir de entonces, buena parte de la prensa comenzó a referirse a estas víctimas como “los tepiteños del bar Heaven” y, violando el principio de presunción de inocencia, sin prueba alguna se les acusó de provocar su situación al haber asistido a una "fiesta inverosímil e innecesaria", o "por inmiscuirse en el mercado de la droga", o "por quedarse con el dinero de un cargamento de computadoras robado", o porque sufrieron una "revancha" por rivalidades delictivas.

Con esta narrativa, incriminatoria y discriminativa, se logró generar repudio social hacia las 13 víctimas del bar Heaven y hacia sus familias. Con este objetivo cumplido, las autoridades capitalinas redoblaron el discurso de tranquilidad y paz que supuestamente regían en la capital del país.

"Este es un hecho focalizado", dijo el jefe de Gobierno, Miguel Ángel Mancera. "La Ciudad de México tiene garantizada su seguridad".[*] Después afirmó: "Lo que no tenemos reportado aquí por las autoridades federales, porque además el crimen organizado es de competencia federal, es el asentamiento de cárteles. Eso ya lo hemos dicho varias veces y no solo lo hemos dicho nosotros. Lo ha dicho el procurador general de la República, lo ha dicho el secretario de Gobernación, lo han dicho todos los encargados de esa función".[†]

Reportes confidenciales del Ejército divulgados en 2022, no obstante, reconocen que en la capital del país operan al menos 12 organizaciones criminales: el Cártel Jalisco Nueva Generación; la Unión Tepito; la Fuerza Antiunión; el Cártel de Tláhuac; las bandas conocidas como Los Rodolfos, Los Canchola, La Ronda 88, Los Molina, Los Maceros, Los Tanzanios; la banda del Güero Fresa y el Sindicato Libertad, dedicadas al tráfico de drogas, la extorsión, el secuestro, el robo, el "cobro de piso", el despojo y el homicidio.[‡]

* Rueda de prensa de Miguel Ángel Mancera, jefe de Gobierno de la Ciudad de México, 2 de junio de 2013.

† Rueda de prensa de Miguel Ángel Mancera, jefe de Gobierno de la Ciudad de México, 2 de mayo de 2016.

‡ Secretaría de la Defensa Nacional. Valoración operativa de la 1.ª Zona Militar. Obtenido a través de *Guacamaya Leaks*.

A pesar de ello, la postura oficial, que negaba la operación del crimen organizado en la capital del país, se mantuvo incluso después de que las mismas autoridades atribuyeron el secuestro en el bar Heaven a una organización delictiva apoyada por policías capitalinos que operaba en al menos tres entidades del país: Ciudad de México, Estado de México y Morelos.

Un mes después del secuestro, el dueño del bar Heaven, que estaba prófugo, fue hallado muerto, calcinado junto a su novia en una carretera de Morelos. Al tercer mes, cuando los hechos ya no generaban interés entre la población, de manera torpemente explicada, las autoridades anunciaron el hallazgo de una fosa clandestina en el municipio de Tlalmanalco, Estado de México, donde estaban los cuerpos de las 13 víctimas desaparecidas.

> Yo ni supe quién los encontró —dice la señora Julieta González, mamá de Jénnifer Robles González, otra de las víctimas del bar Heaven—. Nada más nos dijeron que los habían encontrado, que porque ahí en Tlalmanalco estaban los cachos, porque no son cuerpos, son cachos de cuerpos. Y ese mismo día le dijeron a la prensa que ya estaba científicamente comprobado que eran ellos. Yo no estudié, pero, por lógica, no es posible que en menos de diez horas dijeran que esos cachos eran de nuestras hijas e hijos, porque esos análisis toman semanas. Eso es tener poca madre, o sea, lo que querían era ya callar este tema.

En la versión oficial, una llamada anónima que alertaba sobre la presencia de gente armada en un rancho de Tlalmanalco llevó a las autoridades federales a explorar ese lugar, acompañadas de maquinaria pesada. Nunca se explicó por qué llevaban esa maquinaria, si lo que esperaban encontrar era gente con armamento, pero esa versión establece que, cuando las autoridades llegaron a la propiedad, no encontraron a nadie ante quien anunciar su presencia. Luego, sin que quede claro el razonamiento que los guio, los encargados del operativo decidieron introducir al inmueble el trascabo que llevaban y escarbaron en el punto más lejano del predio en donde, por obra de la fortuna, encontraron un cúmulo de fragmentos óseos que terminaron de quebrar cuando los sacaron con el brazo mecánico.

Ese mismo día, la autoridad informó no solo del hallazgo, sino de la identificación plena de las víctimas del bar Heaven, dando así por concluido el asunto.

■

En 2008, cuando los jóvenes de secundaria de la delegación Gustavo A. Madero fueron espiados, seguidos, acorralados y agredidos por la policía capitalina dentro de la discoteca New's Divine, causando 12 muertes, solo una persona fue procesada penalmente y sentenciada como culpable: el dueño del negocio, quien pasó 11 años en prisión, aunque no por ocasionar esas muertes, sino por corrupción de menores.

El único mando policial que enfrentó algún cargo por la tragedia fue Guillermo Zayas, quien iba al frente del operativo. Pasó dos meses recluido y luego salió libre, exonerado, para poco después asumir la dirección de la policía municipal en la turística Ciudad del Carmen, Campeche.

Mientras tanto, Marcelo Ebrard, que gobernaba la Ciudad de México cuando ocurrieron los hechos, concluyó su periodo en el cargo y después se mudó a Europa, donde vivió algunos años, tras los cuales volvió al país y fue nombrado secretario de Relaciones Exteriores por el presidente Andrés Manuel López Obrador.

El manto de impunidad institucional se extendió sobre las autoridades que ordenaron y planearon esa fallida operación propagandística de la fuerza pública.

Luego, en 2013, el mismo manto de impunidad se amplió hasta proteger a las autoridades que encubrieron la operación de cárteles en la Ciudad de México y su contubernio con agentes de la policía. A pesar de que se documentó la participación de al menos cuatro policías en el secuestro de las 13 víctimas del bar Heaven, solo uno de ellos, de bajo rango, fue sentenciado. Sus mandos, en contraste, nunca fueron investigados y Miguel Ángel Mancera, quien fungía como jefe de Gobierno, se convirtió en senador de la República.

En su relevo, al frente del Gobierno de la Ciudad de México (y de su política de seguridad pública) quedó Claudia Sheinbaum, quien desde ese cargo llamó en 2021 a "no olvidar lo que fueron los gobiernos autoritarios, aquellos que por salvaguardar el poder de un régimen estuvieron dispuestos a utilizar armas en contra de jóvenes". Eso, insistió la funcionaria que después habría de convertirse en la candidata presidencial del partido Morena, "hay que recordarlo todos los días, porque no puede regresar un régimen autoritario, un régimen antidemocrático, represivo".*

Tres meses después de expresar esas palabras, la policía de la ciudad que ella gobernaba perpetró la detención, desaparición y ejecución del joven herrero José Alberto Serna, cuyo cuerpo trataron de esconder en los matorrales de Chapultepec. Por este crimen, cuatro policías de bajo rango enfrentan juicio y, siguiendo el patrón establecido, ninguno de sus mandos fue investigado.

La impunidad ha sido la marca estampada por la autoridad en la mayoría de los crímenes que sus integrantes ha cometido, al cobijo de las instituciones, no solo en la Ciudad de México, sino en todo el país.

A través de consultas de Transparencia, las 32 fiscalías de justicia del país reportaron haber iniciado investigaciones penales contra

---

* Faro Cosmos, discurso de Claudia Sheinbaum, jefa de Gobierno de la Ciudad de México, al conmemorarse 50 años de la matanza estudiantil del 10 de junio de 1971, 10 de junio de 2021.

241 servidores públicos federales y estatales, por asesinatos, ejecuciones y desapariciones cometidos durante el periodo de la guerra contra el crimen organizado, aunque estas instituciones no pudieron aclarar el número de víctimas.

Los tribunales de justicia estatales que juzgaron a esos funcionarios, por otra parte, informaron que solo contra 87 de ellos se ha emitido sentencia condenatoria.

Durante esta investigación no se identificó ninguna sentencia emitida contra altos mandos de corporaciones federales o estatales, por delitos de homicidio, ejecución extrajudicial o desaparición forzada cometidos entre 2006 y 2022, sino solo contra elementos de tropa o mandos menores.

5

Guerra con "g" de género

Yo vi que unos hombres se bajaron de una camioneta de la Policía Federal, traían uniforme con su logotipo, sus armas largas, todo. Empiezan a revisar la camioneta a la que le habían disparado y lo único que ven ahí fue a una mujer y a una bebé. Y no dejaban que se arrimara nadie. Oímos la ambulancia y tampoco dejaron que les dieran auxilio.
Testigo de identidad reservada que presenció el asesinato de Yolanda Adriana Ramírez perpetrado por la Policía Federal en Chihuahua, el 21 de diciembre de 2012.

Sin que se trate de una cifra definitiva, con la búsqueda realizada durante esta investigación fue posible identificar 250 ejecuciones y desapariciones de mujeres cometidas en México por policías estatales, agentes federales, soldados y marinos, en el tiempo que ha durado la guerra contra la delincuencia organizada. Esos crímenes fueron perpetrados como demostración de dominio sobre los cuerpos de las víctimas, sobre sus vidas, sobre los territorios en los que moran y cuyo control reclaman los agresores, formas de violencia que los integrantes de esas corporaciones oficiales han trasladado también a sus casas, sus barrios y sus comunidades.

De esos 250 crímenes contra mujeres atribuidos a las autoridades estatales o federales, 49% se cometió en operaciones para prevenir el delito; 22% corresponde a agresiones llevadas a cabo en complicidad con grupos delictivos; 21% se atribuye a feminicidios y desapariciones forzadas de mujeres cometidos por abuso de poder, es decir, sencillamente porque los uniformados quisieron ejercer este tipo de violencia (y beneficiarse con la impunidad que la acompaña) contra mujeres de su ámbito laboral, familiar, de su localidad, o que estaban en alguna condición de vulnerabilidad ante ellos.

La historia de Susana Cerón es una muestra de esa violencia y de la respuesta omisa de las autoridades cuando se presenta. En noviembre de 2020, Susana, de 33 años de edad, madre de tres niñas y empleada administrativa de la Secretaría de Seguridad Pública de Puebla, fue raptada por su pareja sentimental, el policía Efrén Hernández Romero, al que meses antes había conocido en la misma corporación.

> Él empezó a pelear —narra su mamá, la señora Susana Zenteno— y ella se metió a la casa. Dejó su celular y este hombre entra, lo agarra, y ella le dice: "Dame mi celular". Este hombre sale de la casa y, cuando ella lo alcanza, él ya estaba en su camioneta. Como no le quiso dar el celular, Susana abrió la puerta de la camioneta y él la jaló, cerró y se arrancó. Desde ese momento ya no supimos nada de ella.

Aunque el rapto de esta trabajadora de la policía estatal fue denunciado inmediatamente, las autoridades de Puebla no emprendieron ninguna acción para localizarla, ni tampoco al agente. "No la buscaron —recuerda su madre—. No hicieron nada".

Doce días después, el cadáver de la joven fue encontrado en un lote baldío, con signos de tortura. Según los estudios forenses, su agresor la mantuvo con vida durante al menos ocho días y luego la asesinó.

"Ella era una muchacha muy alegre, nunca fue una persona problemática", recuerda su mamá, quien quedó a cargo de las tres hijas de Susana. "Era una buena mamá, ¿por qué no voy a decirlo? Trabajaba para sus hijas. Cuando pasó lo que pasó, la más niña tenía 5 años, la otra tenía 9 y la otra 11. Ella era el sostén de la casa".

En enero de 2021, dos meses después del feminicidio, el presunto agresor fue detenido en Chiapas con papeles de identidad falsos con los que pretendía salir del país. Aunque fue procesado, el cadáver de su víctima no resultó prueba suficiente del feminicidio y durante los siguientes dos años el agresor solo enfrentó cargos por desaparición.

No fue sino hasta marzo de 2023 que el Ministerio Público logró que el delito de feminicidio fuera incluido en los cargos por los que se inició juicio contra este policía, juicio cuya conclusión sigue pendiente.

Los indicadores analizados muestran también que la violencia de Estado ejercida por las fuerzas de seguridad pública involucradas en la guerra contra el crimen organizado es aplicada con un sesgo de género. En un país con diez feminicidios diarios, la violencia de género también se reproduce en estos casos. Los casos recabados revelan que, cuando las víctimas de esta violencia son mujeres, la proporción de delitos cometidos por agentes oficiales en complicidad con criminales es 4% mayor que cuando las personas afectadas son del sexo masculino. También predominan los hombres como victimarios.

Eso significa que cuando las víctimas son mujeres la probabilidad de que la violencia de Estado haya sido perpetrada en alianza con organizaciones criminales es más alta que cuando los afectados son hombres.

Igualmente, en el caso de las víctimas mujeres, la proporción de crímenes que fueron resultado de abusos de poder de los agentes oficiales resulta 16% más alta que cuando las víctimas son hombres. Así, mientras que uno de cada cuatro asesinatos o desapariciones de mujeres atribuidos a agentes estatales o federales ha sido resultado de abusos de poder, en el caso de los hombres que han sido víctimas de este mismo tipo de hechos esa proporción es uno de cada seis.

Los crímenes de lesa humanidad documentados, que fueron cometidos contra mujeres por autoridades y delincuentes en mancuerna, arrojan luz sobre algunas características de este fenómeno que escapan a las estadísticas, como la forma en la que operan las redes de corrupción que no solo entran en funcionamiento para llevar a cabo estos crímenes, sino también para tratar de ocultarlos.

Susana Tapia Garibo, por ejemplo, fue secuestrada por la policía de Veracruz en 2016, cuando la guerra contra el crimen organizado tenía una década en marcha, y ella, 16 años de edad. Había salido con otros cuatro amigos para festejar el cumpleaños de uno de ellos en el puerto de Veracruz. Luego de la celebración, cuando volvían a sus viviendas, se detuvieron a desayunar en un puesto de la carretera, en una localidad conocida como Tierra Blanca. Ahí fueron interceptados y secuestrados por elementos de la policía estatal.

"Susana había terminado la secundaria y decía que quería estudiar para ser veterinaria", recuerda su mamá, Carmen Garibo. Después dijo que no, que iba a ser ingeniera petroquímica".

El video de una cámara de seguridad muestra el momento en que una patrulla de la policía estatal alcanza a los jóvenes tras dejar el establecimiento de comida en el que se habían detenido. Otra cámara los captó ya arrestados, a bordo de la patrulla, mientras detrás de esta va un policía conduciendo el auto en el que las víctimas se transportaban.

"Desde esa fecha ya no los hemos visto", dice la señora Carmen. "Ha sido un tiempo muy difícil, muy feo para nosotros porque, día a día, es estar con este dolor. Es algo que, así pasen los años, a mí nunca va a dejar de dolerme: recordar a mi hija".

Para eludir los cuestionamientos que este rapto generó dentro y fuera de Veracruz, luego de que la prensa difundió los videos que probaban la responsabilidad de la policía, las autoridades estatales fingieron la localización sin vida de las víctimas para darle un rápido cierre al caso. Estudios forenses realizados a los restos presentados, no obstante, demostraron que no eran de origen humano, sino de animales.

Después, al quedar evidenciada la fabricación de pruebas, las autoridades de Veracruz revelaron la ubicación de un segundo sitio que supuestamente hallaron a través de investigaciones ministeriales, y donde Susana y sus amigos, según la versión oficial, habían sido ejecutados: un rancho en el que estaban enterrados cientos de fragmentos óseos, de un número indefinido de personas asesinadas por miembros del crimen organizado y por policías cómplices.

Nunca se explicó qué procedimientos llevaron a la autoridad a localizar ese rancho que, efectivamente, era un campo de exterminio en donde había restos de al menos trescientas personas asesinadas.

Sin embargo, ahí solo fueron localizados una mancha de sangre y un fragmento de hueso que correspondían a dos de los jóvenes secuestrados en Tierra Blanca, mientras que de Susana y sus otros dos amigos no se han ubicado restos que comprueben su fallecimiento. A pesar de ello, con la presentación de esa fosa clandestina, los gobiernos estatal y federal dieron por localizadas sin vida a las cinco víctimas. Para la autoridad, Susana no está desaparecida, sino muerta. Para su mamá, ella no está muerta, sino desaparecida.

Ocho policías estatales y municipales de bajo rango fueron procesados por los crímenes cometidos contra este grupo de jóvenes, que el Ministerio Público federal se negó inicialmente a calificar como resultado de la colusión de autoridades con la delincuencia organizada, a pesar de que la misma versión oficial atribuye estos hechos a policías y a civiles adheridos a una organización criminal con operaciones en todo el país.

A esos ocho policías solo pudo fincárseles el cargo de delincuencia organizada, mediante un amparo promovido por sus familiares en contra del Ministerio Público federal, aunque, un año después, en 2017, tres de ellos lograron echar abajo la acusación en su contra, pero no por falta de pruebas, sino porque las autoridades dijeron haberlos arrestado en flagrancia, cuando en realidad fueron aprehendidos varios días después de que los jóvenes fueron raptados.

"Nosotros", dice la señora Carmen Garibo, "no obtuvimos nada. Pero las autoridades dijeron que el caso se tenía que cerrar. ¿Qué hace uno? Nosotros hubiéramos querido que hasta la fecha anduvieran buscando a los muchachos. Ha sido muy difícil, solo con el hecho de estarlo hablando, es algo que duele".

■

De las 250 mujeres víctimas de asesinato y desaparición forzada identificadas en este ejercicio, nueve lograron sobrevivir, por lo que los delitos cometidos por las autoridades se catalogaron como homicidio en grado de tentativa, privación de la libertad o solo como lesiones dolosas.

F, una mujer joven que en 2019 radicaba en Michoacán, es una de esas sobrevivientes. Su voz es, por tanto, testimonio en carne viva de la violencia de Estado mezclada con la violencia criminal y la violencia misógina.

En mayo de 2019 *F* encontró una billetera tirada en la calle, afuera de un casino.

Ante el hallazgo, narra, su primer impulso fue buscar alguna identificación del propietario para contactarlo y devolvérsela. Y sí, la cartera contenía dos identificaciones en las que aparecía el mismo hombre retratado, aunque con nombres distintos, lo que a la joven le pareció extraño. Por eso abandonó su idea inicial de regresar personalmente la billetera y, en cambio, se aproximó al policía que cuidaba el acceso al casino para pedirle que la entregara a su dueño.

Devolver ese artículo fue un acto de buena fe, de honestidad, pero un día después, cuando el dueño de la cartera tocó a la puerta de su vivienda, *F* comenzó su largo arrepentimiento.

Ver a ese hombre desconocido afuera de su casa, cuenta *F*, "me alarmó, ya que ignoro cómo conoció mi domicilio. Me dijo que era el dueño de la cartera y que, para agradecerme, me invitaba a salir. Yo le dije que no me interesaba conocerlo".

Eso molestó al desconocido, recuerda *F*. "Dijo que le gustaba mi camioneta y que iba a ser de él. Estaba estacionada afuera de mi casa y se acercó al cristal del copiloto, le dio un golpe con algo y lo quebró. Luego se fue".

A partir de entonces, *F* sufrió el acoso de esa persona, a la que describe como un hombre obeso, bajo de estatura, con bigote y cabello muy corto, que acudía a su vivienda para dejarle notas escritas en trozos de papel. No sabía cómo lograba obtener información personal, como su número de teléfono. El acosador comenzó a hostigarla con mensajes de texto y llamadas, en una de las cuales, recuerda ella, "me dijo que a él nadie lo rechazaba, que tenía mucho dinero, que cómo una puta vieja como yo lo iba a rechazar".

F decidió entonces presentar una denuncia ante la Fiscalía de Michoacán. Pero, tan pronto salió de las oficinas, recibió una nueva llamada de su agresor, quien le advirtió que ya estaba enterado de lo que acababa de hacer.

La joven comenzó entonces a sospechar que su acosador gozaba de un trato especial por parte de las autoridades de Michoacán, que le proporcionaban información confidencial que él usaba para hostigarla. "Cambié de teléfono una y otra vez. Y teléfono que yo registraba en la Fiscalía, para que pudieran contactarme, era teléfono que esa persona conseguía. Ahí se lo daban".

Confirmó esa complicidad entre las autoridades y su acosador meses después, en agosto de 2020, cuando un grupo de policías estatales la abordó mientras abría la puerta de su casa.

Tras ponerle una navaja en el cuello, le advirtieron que estaban ahí por encargo de la persona a la que ella había denunciado y que su instrucción era matarla. Luego la introdujeron a golpes a su propia vivienda, y ahí la mantuvieron privada de la libertad durante todo un día.

"Me dañaron —narra *F*—, me hicieron mucho daño física y psicológicamente. Son cosas muy difíciles de contar. Me quebraron tres costillas, me arrancaron las uñas de los pies, me dejaron coágulos en el cerebro, me violaron".

F fue abandonada inconsciente dentro de su vivienda luego de que los policías la creyeron sin vida. Pero no. Aunque con lesiones graves, logró salir cuando recuperó el conocimiento y pedir auxilio. Sobrevivió al intento de feminicidio con secuelas que enfrenta hasta el día de hoy.

> Cuando me sentí un poco mejor, me presenté en la capital del estado. Ahí me recibió Israel Patrón, secretario de Seguridad Pública. Miró los daños que traía, platicó un momento conmigo y me mandó con una licenciada para poner la queja en Asuntos Internos de la policía de Michoacán. Fue lo que hice, pero mi problema no se calmó. Un mando de la policía de Michoacán fue a mi casa y me amenazó, que porque era *su* corporación a la que yo estaba denunciando, y que si le seguía, me iban a levantar y a tirar donde los tiran a todos.

Para recuperar un poco de tranquilidad, *F* vive ahora lejos de Michoacán, aislada, sin contacto con su familia. Aun cuando denunció ante las autoridades los hechos de los que fue víctima, los policías que la atacaron siguen en sus cargos, algunos incluso han sido ascendidos, y el hombre que los envió a matarla por haber interpuesto una queja por hostigamiento nunca fue investigado.

"Yo siento perdida esta lucha. Yo no veo que el Gobierno haga nada, absolutamente nada".

Tal como informaron las fiscalías de justicia de todo el país, en respuesta a solicitudes de transparencia formuladas como parte de esta investigación, desde 2006 han sido procesados 51 agentes de fuerzas estatales o federales por los delitos de feminicidio y homicidio doloso de mujeres, aunque los registros oficiales de los tribunales de justicia mexicanos revelan que las fiscalías solo reunieron evidencias suficientes para llevar a juicio penal a veinte de esos funcionarios por los asesinatos de siete mujeres cometidos entre 2006 y 2022 (último año reportado).

Ninguno de esos juicios, ni siquiera los más antiguos, había concluido hasta enero de 2024. Esa es la velocidad con la que reacciona el sistema de justicia cuando las víctimas de la violencia oficial son mujeres.

■

A Eva Fe Alarcón Ortiz se la llevaron en 2011, cuando tenía 43 años de edad. Fueron policías de la Fiscalía de Justicia de Guerrero que operaban en contubernio con el crimen organizado, y lo hicieron en represalia por la lucha que libraba en defensa de los bosques de la sierra de Petatlán, valiosos para los grupos de poder por su madera, por la posibilidad de sembrar enervantes en las tierras taladas y por servir como ruta segura para el trasiego de drogas y armas.

Los policías se la llevaron junto a su compañero de lucha Marcial Bautista, con el que viajaba en un autobús de pasajeros hacia la Ciudad de México, donde sostendrían una reunión con legisladores federales para analizar, entre otros temas, el incremento de las extorsiones del crimen organizado contra pobladores de la sierra.

Sin que represente una enumeración total, sino solo una muestra ejemplar, en esta investigación se identificaron siete casos de asesinato y desaparición de mujeres en represalia por su participación en movimientos políticos o en protestas civiles. Además de la violencia de género, las mujeres también son víctimas cuando participan en este tipo de movimientos. El caso de Eva es uno de ellos y expone la forma en que el monopolio del Estado sobre el uso de la fuerza es empleado, en el terreno, para interferir y controlar la vida de comunidades enteras, en el marco de la guerra y de la complicidad criminal-oficial que de ella ha derivado.

> Mamá estudió hasta tercero de secundaria —recuerda Coral Rojas Alarcón, su hija—. Ella decía que durante todo su crecimiento tuvo hambre, no tenía para comer, había mucha pobreza y le costó mucho salir adelante. Pero desde muy pequeña fue muy lista: aprendió a hablar inglés, era muy buena con los números y con los negocios y a los 15 años fue gerente del Hotel Cristal en Ixtapa-Zihuatanejo. Tenía una inteligencia muy amplia, leía demasiado. Era una mujer muy libre y muy controvertida, siempre andaba haciendo revoluciones por todos lados y desde muy joven participó en luchas ecologistas. Cuando los talamontes subían a la sierra de Guerrero y talaban los árboles, se organizaba con otros representantes comunitarios y cerraban caminos para bloquear el paso de los árboles talados. Toda su vida estuvo participando en temas de medio ambiente, defendiendo a las comunidades y justamente en el momento en el que a ella se la llevan, en Guerrero, en Petatlán, empezaba a dominar el narco, que tiene el poder de las armas y del miedo.

Desde que fueron privados de la libertad, Eva y Marcial están desaparecidos. Y si se saben detalles precisos de los hechos es gracias a la inteligencia de Eva, ya que antes de que los policías la obligaran a bajar del autobús logró esconder su teléfono celular y hacer señas a otra pasajera para que lo recuperara.

Momentos después, esa pasajera usó el teléfono para comunicarse con Coral y avisarle de lo ocurrido, lo que permitió identificar a testigos de los hechos y, después, ubicar y detener al grupo de policías ministeriales, municipales y miembros del crimen organizado que cometieron el crimen.

Hasta la fecha, ninguno de los procesados ha querido revelar el paradero de Eva y Maciel. Dicen que los mataron, pero, como en otros casos, no se cuenta con la prueba definitiva: sus cuerpos.

> En Guerrero, es común que participe gente del Estado en este tipo de crímenes, pero es muy difícil comprobarlo —advierte Coral—. Conmigo fue diferente porque tengo detenidos que comprueban que el Estado participó. Es un gran paso, es un gran avance haberlo logrado, haber comprobado que la policía estuvo involucrada. Pero ¿de qué te sirve tener tanta gente detenida si a tu familiar no lo has encontrado? El objetivo es encontrar a tu familiar, y si no lo encuentras, es que no es bueno lo que has hecho, tu búsqueda no tiene final.

Poco después Eva sería víctima del Estado una vez más.

En agosto de 2023, luego de mantenerla oculta por cuatro años y medio, el Gobierno mexicano hizo pública la lista oficial de víctimas de desaparición. Eran 111 000 nombres de personas que permanecían sin ser localizadas. No obstante, ante las críticas que esa cifra suscitó en contra de su política de seguridad, el presidente Andrés Manuel López Obrador anunció cuatro meses después que 90% de esas personas ya no sería considerado "casos confirmados" de desaparición, gracias a que una "estrategia de búsqueda generalizada", basada en llamadas telefónicas, cruces con bases de datos de vacunación y programas sociales, rastreos administrativos y supuestas visitas "casa por casa", permitió a las autoridades "localizar" a decenas de miles de víctimas y descartar otros miles de casos más, por supuesta falta de certeza en torno a la denuncia.

Así, de un plumazo, la lista oficial de desaparecidos se redujo de 111 000 a 12 000. Entre los miles de víctimas eliminadas de ese registro está Eva Alarcón.

En la realidad, Eva no ha sido localizada.

La *Declaración sobre la protección de la mujer y el niño en estados de emergencia o de conflicto armado*, proclamada por la Asamblea General de la ONU en 1974, reconoce a estos dos grupos demográficos como "el sector más vulnerable de la población civil" durante periodos de confrontación. Por esto, dicho ordenamiento internacional impone a los países que "participen en conflictos armados" la obligación de emprender "todos los esfuerzos necesarios para evitar a las mujeres y los niños los estragos de la guerra", como lo son, entre otros, la persecución, la privación de la libertad y las ejecuciones.

Los casos documentados de ejecución y desaparición forzada de mujeres a manos de fuerzas públicas, en el contexto de la guerra contra el crimen organizado, evidencian que, contrario a sus afirmaciones, estos principios de protección a mujeres y menores de edad no son acatados por las autoridades en México, aun cuando la declaración de la ONU es reconocida como parte del marco legal mexicano en materia de protección a los derechos humanos.

A pesar de ese incumplimiento de los principios establecidos en la *Declaración sobre la protección de la mujer y el niño en estados de emergencia o de conflicto armado*, en 2022 el Estado mexicano se definió ante la Asamblea de las Naciones Unidas como "feminista", y afirmó que trabaja con las instancias de colaboración multilateral "para promover la protección de civiles, incluyendo la protección de grupos vulnerables como los niños, mujeres y personas discapacitadas en conflictos armados".*

* Secretaría de Relaciones Exteriores, "Documento de posición de México. 77 periodo ordinario de sesiones de la Asamblea General de la ONU, 13 de septiembre de 2022".

6

Cosa de niños

Ese día el Gobierno se había llevado al líder de la comunidad y la comunidad se fue a la carretera para taparla. Yo había mandado a mi niño a comprar unos pañales para un nietito que tengo, él tenía 12 años de edad, era un niño y me lo mataron. Él ya traía los pañales de la tienda cuando el Ejército pasó y empezaron a tirar. ¿Qué dijo el Ejército? Dijeron ellos: "Nosotros no tiramos, la que tiró fue la comunidad", cuando no es así, yo mero los vi, a mí nadie me cuenta.
Emilia García Cabrera, mamá de Edilberto Reyes García, niño de 12 años asesinado por el Ejército en Aquila, Michoacán, el 19 de julio de 2015.

Los Convenios de Ginebra, así como el *Protocolo Facultativo de la Convención sobre los Derechos del Niño* relativo a la participación de infantes en conflictos armados, de la ONU, establecen que la población civil en edad infantil debe gozar de "plena protección" durante la guerra, lo que implica que no debe ser considerada objetivo de la violencia ejercida por las fuerzas en pugna, incluida la oficial, y también que debe ser protegida del reclutamiento "por parte de grupos armados distintos de las fuerzas armadas de un Estado", así como rescatada y atendida como víctima cuando este enrolamiento ya se consumó.

Pese a ello, tal como revelan las estadísticas oficiales sobre procesos penales abiertos en México, así como los registros recabados sobre ejecuciones y desapariciones perpetradas por autoridades, la población adolescente ha sido, igual que los jóvenes, uno de los objetivos reiterados de la persecución gubernamental y de la violencia de Estado en el marco de la guerra contra la delincuencia organizada.

En términos generales, los registros oficiales sobre procuración de justicia dejan ver que, de manera positiva, en México se ha abandonado la política criminal en torno a los adolescentes basada de forma exclusiva en la persecución penal. La cifra de 40 000 menores imputados judicialmente por la presunta comisión de algún delito en 2015 se redujo a 22 000 menores acusados seis años después,* lo que representa una reducción de 45% en el número de menores tratados como delincuentes.

Aunque el número de adolescentes imputados por el Ministerio Público ha disminuido en México de forma constante, la proporción de menores de edad perseguidos por actividades relacionadas con el narcotráfico y la delincuencia organizada va en aumento. Las estadísticas ministeriales divulgadas por las autoridades revelan que, en 2015, las y los adolescentes acusados de delincuencia organizada o narcomenudeo representaron 10% del total de menores contra los que el Ministerio Público formuló alguna acusación penal, mientras que, para 2021, este indicador había subido a 14% a nivel nacional.

En el plano regional, este aumento en la persecución penal de menores por narcotráfico o delincuencia organizada fue aún mayor. En Guanajuato, por ejemplo, la proporción de adolescentes imputados pasó de 16% en 2015 a 35% en 2021. Otras entidades, como Guerrero, Coahuila, Zacatecas, Puebla y Ciudad de México también registraron incrementos por arriba del nacional.

---

* INEGI, Censos nacionales de procuración e impartición de justicia.

Como consecuencia de esta política persecutoria, asociada a la guerra contra el crimen organizado y enfocada en la población menor de edad, entre 2015 y 2021 (único periodo sobre el que existen datos oficiales disponibles en este rubro), las autoridades mexicanas formularon cargos penales contra 34 000 adolescentes por delitos relacionados con narcomenudeo o participación en organizaciones delictivas.

Los procesos iniciados contra estos 34 000 adolescentes obran entre los resultados que las autoridades mexicanas han presentado, de forma ininterrumpida, como muestra del éxito en la estrategia de seguridad pública, así como de su pertinencia. La participación de dichos menores en el crimen organizado es prueba del peligro que estas estructuras delictivas representan para la sociedad en su conjunto y, en especial, para la infancia, grupo demográfico cuya protección define la Constitución como un "interés superior" del Estado.

Sin embargo, el que se incremente la cantidad de adolescentes acusados de narcotráfico o delincuencia organizada, mientras que su incidencia en otras conductas contrarias a la ley disminuye, no es algo que indique cuál es el nivel de penetración del crimen organizado en este grupo poblacional. Lo único que estos datos permiten ver es que para las autoridades ha sido prioritario mantener la persecución penal de menores de edad como parte de sus acciones contra el crimen organizado, por encima de la atención puesta en otra posible conducta delictiva. Además, muestran que esta persecución penal se ha mantenido a pesar de la falta de resultados.

Los registros oficiales en materia de administración de justicia revelan que, aun cuando entre 2015 y 2021 las autoridades formularon imputaciones contra 34 000 adolescentes por vínculos con el narcotráfico y la delincuencia organizada, solo lograron presentar pruebas suficientes para obtener sentencias condenatorias contra 1 669 menores de edad. Eso equivale a 5% del total.

El resto fue imputado sin que existieran elementos para vincularlo con el crimen organizado, el tráfico de drogas o cualquier delito.

No se pretende aquí negar que el crimen organizado incorpora en sus estructuras criminales a niños, niñas y adolescentes, ni minimizar los riesgos que se ciernen sobre la población mexicana menor de edad a causa del narcotráfico y la delincuencia organizada. Los datos recabados, sin embargo, evidencian que este problema no ha sido atendido por el Estado desde la perspectiva del "interés superior" de la infancia, sino que, por el contrario, ha sido aprovechado para exacerbar el discurso de mano dura y pertinencia de la guerra contra el crimen organizado, así como para justificar la violencia de Estado que forma parte de esta estrategia de seguridad pública.

■

De los 1 824 casos de ejecución y desaparición forzada atribuidos a corporaciones públicas de seguridad en el marco de la guerra contra el crimen organizado (identificados en esta investigación), 158 corresponden a niños, niñas y adolescentes que cayeron en manos de policías, marinos y militares, cuando volvían de su escuela, cuando salieron a divertirse, a comprar encargos de sus madres o incluso que fueron raptados de sus viviendas o centros de trabajo por las autoridades.

De esos adolescentes que fueron asesinados o desaparecidos por la autoridad, seis de cada diez sufrieron estos actos de violencia durante acciones para prevenir el delito; además, cuatro de cada diez luego fueron presentados como delincuentes sin que existieran pruebas en su contra para simular que la legítima demanda ciudadana de acciones visibles y resultados palpables era atendida.

Así ocurrió a finales de octubre de 2013, cuando la inseguridad ya era considerada la principal preocupación ciudadana en Veracruz. En ese contexto, estudiantes de la Universidad Veracruzana (UV) convocaron a una conferencia de prensa para denunciar la existencia de un grupo juvenil de asaltantes cuyas víctimas habituales eran los alumnos de la Facultad de Ingeniería.

A falta de una acción preventiva efectiva de las autoridades, los universitarios dijeron haber realizado una investigación a través de la cual ubicaron a los integrantes del grupo delictivo al que identificaron como La banda Icazo, conformado por vecinos de la localidad con ese nombre, ubicada en la zona conurbada del puerto de Veracruz, e incluso presentaron retratos de varios jóvenes que, según los estudiantes, eran miembros de esa agrupación, a los que calificaron como "vándalos" y contra los que las autoridades debían actuar de inmediato.

Aunque la denuncia era legítima y respondía a una preocupación real sobre la inseguridad en esta ciudad portuaria y en las inmediaciones de la UV, la investigación realizada por los estudiantes carecía de rigor y de veracidad la información divulgada.

Los denunciantes solo habían consultado la geolocalización de un teléfono celular robado, que señaló a Icazo como último sitio donde el aparato se activó. Esa resultó prueba suficiente para considerar que los asaltantes eran habitantes de esa localidad. Buscaron en Facebook a personas que dijeran vivir en Icazo, de entre las cuales eligieron a jóvenes que, a su juicio, mostraban alguna actitud sospechosa —como posar ante la cámara haciendo señales con las manos— y los presentaron como "criminales".

Debido a la resonancia que obtuvo en la prensa local la denuncia de los universitarios, las autoridades de Veracruz se comprometieron a lograr "la detención de los responsables de ilícitos en contra de los estudiantes" a partir de las "descripciones de los probables infractores" proporcionadas en la conferencia de prensa.

Lo cierto es que los estudiantes de la UV habían incriminado y exhibido a los jóvenes de Icazo sin contar con evidencias de que fueran responsables de los asaltos en su plantel y sin saber el tipo de acciones oficiales que, algunas semanas después, generaría su denuncia, acciones que en un documento interno de la policía estatal de Veracruz fueron denominadas como Operativo Guadalupe-Reyes.

"A mi hijo se lo llevaron como a las 12:15 de su trabajo, el 11 de diciembre de 2013", recuerda Perla, mamá de Víctor Álvarez Damián, un adolescente de Icazo, de 16 años de edad, estudiante de la primaria nocturna y quien trabajaba en un taller de cambio de aceite automotriz. "A plena luz del día llegó un convoy de coches, camionetas y patrullas. Llegaron por él y le dijeron que era cómplice de un robo".

Ya con Víctor detenido, el convoy integrado por vehículos de la Secretaría de Marina del Gobierno federal, de la policía preventiva y de la policía ministerial, avanzó hacia la casa de Yonathan Isaac Mendoza Berrospe, de 17 años y también habitante de Icazo.

> Yo me fui a dejar a mi hija a la escuela —narra María Berrospe, mamá de Yonathan— y cuando venía de regreso, volteé y vi que venía un convoy: iba una camioneta blanca adelante, con unas torretitas de luces prendidas; de ahí iba una Suburban negra; de ahí iban dos coches Avenger y a lo último iba una patrulla estatal. De hecho, yo venía casi atrasito de la patrulla. Y vi el convoy y pensé en mi hijo Yonahtan. Pensé: "No vaya a querer salir a andar viendo, de curioso", y quise adelantarme para que mi hijo no saliera. Y cuando me quise adelantar ya estaba el convoy afuera de mi casa y se acerca un policía y me hace con la pistola así, como tapándome el paso.

Yonathan fue torturado por los policías dentro de la vivienda, mientras María escuchaba sus lamentos a algunos metros de distancia, desde la calle, sin que le permitieran aproximarse. "Él me gritaba, y después vi que salieron todos los que entraron a la casa, los policías, los encapuchados, vi que venían sacando a mi hijo, vi que lo traían así, de los pelos, como ahorcándolo, esposado. Volteó y me vio y agachó la cabeza. Y ya, como un animalito, lo agarraron y lo aventaron a la Suburban negra".

El mismo día, el procurador de justicia de Veracruz, Felipe Amadeo Flores Espinosa, anunció a la prensa que un nuevo equipo especial de investigación había entrado en funcionamiento para combatir el robo mediante "diligencias secretas". Y subrayó: "Estamos trabajando e investigando, hay mucha coordinación con la Policía Naval, con el Ejército, hay muchos avances".

Desde entonces, ninguno de los adolescentes ha sido visto. No fueron presentados ante el Ministerio Público ni encarcelados: fueron desaparecidos por los agentes que los privaron de la libertad.

Luego de estos hechos, Felipe Amadeo Flores Espinosa fue nombrado presidente del Partido Revolucionario Institucional en Veracruz (que en ese momento gobernaba el país y el estado) y después fue premiado con el otorgamiento de una notaría pública, uno de los modelos de negocio más socorrido por los políticos mexicanos en su retiro.

Diez años después, en mayo de 2023, el Comité contra la Desaparición Forzada de la Organización de las Naciones Unidas analizó uno de estos casos, el de Yonathan Isaac, y concluyó que las autoridades mexicanas no realizaron una investigación oportuna ni imparcial de las desapariciones asociadas al operativo Guadalupe-Reyes, garantizando así impunidad a los policías y marinos responsables, y violando el derecho de las víctimas a la justicia, la verdad y la reparación del daño.

"Cuando desaparecieron a mi hijo", recuerda Perla, la mamá de Víctor, "él estaba retomando su primaria en una escuela nocturna. Ahí tengo su libreta y ahora en esa libreta le escribo: 'Te extraño, Víctor', como si él estuviera cerca".

■

Dada la vulnerabilidad de las niñas, los niños y adolescentes ante las presiones que grupos delictivos pueden ejercer en su contra para incorporarlos a sus filas, y ante la menor resistencia que pueden oponer a los abusos de agentes oficiales encargados de la seguridad pública (en comparación, por ejemplo, con una persona adulta), el grupo poblacional conformado por menores de edad ha sido para las autoridades mexicanas una fuente constante de materia prima con la cual engrosar las estadísticas sobre eficacia en el uso de la fuerza pública contra supuestos criminales, al menos desde que se militarizó la estrategia nacional de seguridad en 2007.

Por esta doble condición de vulnerabilidad, ante la violencia criminal y la oficial, al menos desde 2010 distintas agrupaciones dedicadas a la defensa de los derechos de la infancia han promovido una reforma legal que reconozca que los menores de edad enrolados en organizaciones delictivas no tienen condiciones para impedirlo y, por lo tanto, no pueden ser considerados miembros de ellas, es decir, delincuentes, sino que deben ser vistos como víctimas de reclutamiento obligado que puede darse mediante coacción física o a través de engaños u otras formas de manipulación.

Desde 2011 el Comité de los Derechos del Niño de la ONU notificó al Estado mexicano que "está profundamente preocupado por la falta de tipificación del reclutamiento de niñas y niñas por grupos armados, como los grupos del crimen organizado", y le urgió a aprobar estas reformas de manera expedita, sin que hasta la fecha las autoridades acataran esa exigencia.

De lograr concretarse, este cambio de paradigma en la política penal dejaría a las niñas, niños y adolescentes fuera de la acción persecutoria de las autoridades mexicanas e, idealmente, lejos de la violencia de Estado que se perpetra en nombre de dicha política. Además, obligaría a las autoridades a diseñar una política de rescate y atención victimológica de esos menores de edad.

> En México tenemos 13 años impulsando que se tipifique el delito de reclutamiento de menores —explica Juan Martín Pérez, coordinador de la agrupación Tejiendo Redes Infancia en América Latina y el Caribe—, y por eso hablamos del término "infancia reclutada". Consideramos que

> ese es el concepto que retrata adecuadamente lo que está ocurriendo en México con los menores incorporados por grupos criminales, y creemos, además, que es un problema que debe abordarse desde la perspectiva del derecho internacional humanitario. Sin embargo, los grupos políticos que han gobernado el país en estos años se han opuesto a que esa reforma ocurra, principalmente porque el Ejército rechaza este cambio en la forma de abordar el tema.

Reconocer el derecho de las niñas, los niños y adolescentes reclutados por grupos armados a ser tratados como víctimas de esas organizaciones, colocando a todos ellos fuera del alcance de la política de seguridad pública, es algo sobre lo que deberían alcanzarse consensos rápidos entre las fuerzas políticas, ya que el reclutamiento o empleo de personas menores de 15 años en agrupaciones que protagonizan hostilidades armadas es un acto prohibido por los ordenamientos internacionales suscritos por México.

El *Convenio 182 sobre las peores formas de trabajo infantil*, de la Organización Internacional del Trabajo, establece que los menores de edad que participan en hostilidades armadas son forzados a ello "en razón de su situación económica, social, o por su sexo", por lo que los Estados parte de este convenio (como lo es México desde el año 2000) están obligados a considerarlos "víctimas infantiles", no criminales o combatientes de fuerzas hostiles, y a proveerlos de "actividades de rehabilitación física, psicosocial y de reinserción social".

De igual manera, el *Protocolo facultativo de la Convención de los Derechos del Niño relativo a la participación de los niños en los conflictos armados*, de las Naciones Unidas (ratificado por México en 2002), reconoce la condición de víctimas de los menores de edad incorporados a grupos armados y establece que esas niñas y esos niños deben ser "desmovilizados", es decir, separados de los grupos que los reclutaron y rescatados, no perseguidos penalmente, además de que los Estados firmantes deben proveerles "toda la asistencia conveniente para su recuperación".

Por último, el Estatuto de Roma tipifica el reclutamiento o empleo de menores de 15 años en grupos armados como crímenes de guerra. Los promotores y perpetradores de estas acciones pueden ser perseguidos por la Corte Penal Internacional si las fiscalías y tribunales nacionales no lo hacen.

Así, el fenómeno de violencia mexicano no solo cubre las características establecidas por las leyes de la guerra para ser considerado como un conflicto armado. Los casos documentados permiten afirmar que se incurre en abusos contra la infancia condenados por el derecho internacional, perpetrados por grupos criminales y por las autoridades que dicen enfrentarlos.

No obstante, incluso teniendo a la mano estas herramientas provistas por el derecho internacional en favor de los niños y las niñas afectados por el conflicto armado que se vive en México, y que podrían favorecer a aquellos afectados por la política persecutoria de las autoridades en el marco de la guerra contra el crimen organizado, el debate sobre la conveniencia de invocar estos convenios y ordenamientos internacionales es tan largo como lo ha sido el conflicto armado. El impulso a la reforma legal que busca tipificar el delito de reclutamiento de menores por grupos armados, incluyendo los grupos del crimen organizado, es lo más lejos que ha llegado la sociedad civil.

La reforma en beneficio de la infancia tampoco tiene una fecha próxima (o remota) de atención legislativa y, mucho menos, de aprobación.

7

Violencia expansiva

A mi hijo Óscar se lo llevó la Policía Federal, lo desaparecieron. Y su hermano menor decía que tenía muchas ganas de ver a su hermano. Entonces, un día dijo: "Óscar ya no va a volver, yo siento que ya lo mataron". "No, no digas eso", le decía yo. "Sí, apá, ya lo mataron, ya no va a volver", decía. "Yo lo extraño un chingo", decía él. "Yo voy a quitarme la vida", me dijo ese día. "Ta' loco tú", le decía yo. Al tercer día se hizo, lo encontramos colgado aquí en los arbolitos.

Jorge Albino Cruz González, papá de Óscar Guadalupe Cruz Bustos, desaparecido junto con otros siete vecinos por la Policía Federal y la Policía Estatal cuando celebraban el Día del Padre, en Cuauhtémoc, Chihuahua, el 19 de junio de 2011.

Para retratar a las víctimas de la violencia de Estado, las personas más autorizadas para exponer las dimensiones de la guerra contra el crimen organizado y sus consecuencias, no basta con esbozar los perfiles de quienes han sido asesinados o desaparecidos por las autoridades. Para que pueda estar completa, esa imagen debería ampliarse hasta abarcar muchas otras formas de violencia ejercida por el Gobierno mexicano como parte de su política de seguridad e incluir los rasgos de un círculo considerablemente más amplio de personas que han experimentado los efectos de esta política, no necesariamente en carne propia, sino desde la ausencia de sus seres queridos, así como las secuelas, el miedo y el odio que estas acciones generan.

Aun cuando completar ese retrato hasta un nivel de detalle es un ejercicio que rebasa por mucho los alcances de esta investigación, la información recabada permitió recuperar algunos reflejos de esa dimensión ampliada de la violencia de Estado en México, así como de sus huellas, que cubre no solo a las víctimas directas de los crímenes de lesa humanidad y crímenes de guerra cometidos por las autoridades mexicanas, sino a sus núcleos familiares y a sus comunidades.

Como parte de esta investigación, se hizo contacto con los familiares y allegados de 191 víctimas de ejecución extrajudicial y desaparición forzada perpetradas por autoridades en distintos puntos del país a partir de 2007, es decir, durante el tiempo que ha durado el conflicto armado interno.

En todos esos casos, la ejecución extrajudicial o la desaparición forzada de uno o varios integrantes provocó en las familias consultadas graves afectaciones económicas, a raíz no solo de la pérdida del ingreso que esas personas aportaban, sino porque la mayoría de los cónyuges, padres, madres, hermanos, hijos o hijas de esas víctimas perdió sus empleos o fuentes de ingreso, y luego su patrimonio, tras dedicarse a la búsqueda por cuenta propia de sus familiares desaparecidos y de indicios que permitieran esclarecer los crímenes, respuesta a la que se vieron obligados debido a que en 82% de los casos las autoridades no realizaron ninguna investigación y en el resto esas pesquisas fueron deficientes.

En la mitad de los casos, los familiares de esas 191 víctimas realizaron dichas investigaciones mientras enfrentaban serias perturbaciones a su salud física o mental derivadas de la ausencia de sus seres queridos o agravadas por esta.

Hubo mucho tiempo sin poder dormir —dice René Palmero, un hombre de cejas afiladas y párpados hinchados que siempre carga consigo un retrato de su hijo, Giovanni Palmero, que fue desaparecido y ejecutado en 2014 por policías de Veracruz—. Hubo mucho tiempo de gritos en las noches, de aclamar por él. Sueño mucho con mi hijo y siempre le pregunto qué pasó, porque acá afuera la respuesta no se da. Él fue quien me enseñó el amor más grande que se pueda conocer, el amor por un hijo. Ese amor yo no lo conocía, lo conocí por él. Me lo enseñó, él nos unió a mi esposa y a mí, que tenemos 40 años de casados. Mi hijo fue el causante de esta familia tan hermosa y por eso me duele tanto que ya no esté.

Giovanni, empleado bancario y estudiante de Derecho, fue secuestrado el 25 de enero de 2014 en Boca del Río, Veracruz, cuando ingresó con su vehículo en una calle de sentido contrario y una patrulla de la Policía Naval lo detectó. Esa infracción de tránsito es la causa por la que fue detenido, luego desaparecido y, como se supo mucho tiempo después, asesinado.

Las últimas imágenes conocidas de Giovanni fueron captadas por una cámara de videovigilancia instalada en la vía pública. Los videos muestran que el joven nunca se resistió al arresto por conducir de forma imprudente y, por el contrario, aceptó ser trasladado a la delegación de policía en Boca del Río, donde podría pagar la infracción. Ahí, sin embargo, fue retenido, privado de la libertad hasta el día siguiente y luego desaparecido.

Gracias al sistema de geolocalización de su teléfono celular, su familia pudo descubrir que Giovanni fue extraído de la delegación policiaca a las 7:00 horas del día siguiente a su captura, y llevado a varios puntos del puerto de Veracruz y de la vecina ciudad de Boca del Río, después de lo cual su rastro se perdió.

Anduvimos con otras familias de personas desaparecidas buscando en los cerros, en las lomas, anduvimos buscando a mi hijo por todos lados, nunca paré de buscarlo —dice el señor René Palmero—. Revisé más de 3 000 cuerpos en fotografías de servicios forenses para ver si entre ellos reconocía a mi hijo. Busqué en todos los hospitales, en todas las prisiones, vi más de 3 000 fotografías de reos y en algunas cárceles hasta me formaron a todos los presos para ver si ahí se encontraba mi hijo. Nunca paré. Por esa razón perdí mi trabajo y, como tenía un crédito hipotecario cuando se lo llevaron, también perdí mi casa, el banco me la quitó, fui desalojado. Pero no me importaba, yo quería encontrar a mi hijo.

Cuatro años y ocho meses después de su desaparición, en octubre de 2017, los restos de Giovanni fueron localizados, aunque no por las autoridades que, en realidad, nunca hicieron nada para apoyar su búsqueda, sino por esas mismas familias de personas desaparecidas que suelen recorrer los cerros de Veracruz y que, en ese momento, seguían las pistas marcadas en un mapa que habían recibido de forma anónima durante una marcha de madres de personas desaparecidas.

Siguiendo el mapa, esas familias llegaron al predio conocido como Lomas de Santa Fe, en la periferia de Boca del Río, donde descubrieron un campo de exterminio en el que la delincuencia organizada asesinó y ocultó los restos de centenares de víctimas, algunas de ellas raptadas por criminales y otras por policías cómplices, como fue el caso de Giovanni, cuyo cuerpo fue el único que estaba completo. De las otras víctimas solo se hallaron sus cráneos.

Padezco de ansiedad y depresión —reconoce el señor René—. Llevo cuatro psiquiatras con los que he tomado terapia, tomo medicamento controlado porque me dan ataques de ansiedad muy fuertes. Cuando me hicieron la entrega de los restos de mi hijo, nunca me explicaron nada de los estudios que le habían realizado *post mortem* y cuando vi que tenía serruchada la tapa de su cráneo, me asusté y estuve muchos meses sin poder dormir, pensando en que a mi hijo le habían hecho eso cuando todavía estaba vivo, que así lo habían matado. Fue una situación

> terrible para nosotros. Pasó mucho tiempo para que una especialista independiente, no una autoridad, me explicara que ese es un corte que se hace como parte de la investigación forense, y que mi hijo no murió de esa manera.

Saber que su hijo no fue asesinado así fue solo un pequeño alivio.

> Yo veo a mi hijo en el peinado de un muchacho —confiesa el señor René—, en el caminar de alguna persona, y volteo inmediatamente. En la ropa que usan las personas que trabajan donde él trabajaba. Y veo a alguien con su tipo de mochila y digo: "Ahí va mi hijo". Yo nunca voy a saber qué fue lo que pasó. Por una simple infracción de tránsito nos han ocasionado un daño irreversible.

Los testimonios recabados coinciden en que las investigaciones independientes que las familias de las víctimas se ven obligadas a realizar se llevan a cabo bajo el acoso de las autoridades que perpetraron los crímenes contra sus hijos, hijas, cónyuges, hermanos y hermanas. Por esta vía, esas autoridades intentan afianzar la impunidad que está detrás de la inoperancia del Ministerio Público, y que las búsquedas de las familias ponen en riesgo, razón por la cual 7% de las familias consultadas en esta investigación se vio forzado a abandonar sus hogares y localidades ante las amenazas a su seguridad y la de quienes les brindaban apoyo, de buena fe o en cumplimiento profesional de su trabajo.

"Jugaba mucho con mis hijos a los juegos de mesa", recuerda Evangelina Contreras, mamá de Tania Ceja Contreras, una joven de Michoacán, de 19 años, que fue raptada y desaparecida junto con su padre, Cenobio Barajas. "Pero luego de que se llevaron a mi hija y a su papá jamás lo volvimos a hacer. Se acabaron los 10 de mayo, los 24 de diciembre; se acabaron las fiestas de cumpleaños, las reuniones familiares, se acabó todo".

El 11 de julio de 2012 Tania y su papá estaban en el negocio familiar de artículos para pesca, en Caleta de Campos, cuando fueron secuestrados por integrantes del crimen organizado, policías municipales y al menos un elemento de la Marina Armada. Un día después, los captores le permitieron a Tania hacer una llamada telefónica a su mamá para despedirse.

> Me dijo: "Mamá, no quiero que te sientas mal, ni tú ni mis hermanos, porque nosotros ya no vamos a durar aquí". Y luego, los mismos hombres que la tenían secuestrada le arrebataron el celular y lo apagaron. Yo no la dejé de buscar, pero dos años después tuvimos que irnos. Es muy duro el desplazamiento. Es muy duro salir huyendo. Un día me hablaron los agentes de la Fiscalía estatal que estaban investigando el caso y me dicen: "Vamos a mandar por ti, porque hubo una amenaza". Pero a esos agentes los interceptaron antes de que llegaran, los balacearon, les quemaron una camioneta y uno de ellos murió, y nosotros tuvimos que huir por nuestros medios. Tuvimos que dejar todo, perder todo, y llegamos a un nuevo lugar sin nada, ni siquiera dinero para pagar una renta, sin apoyo de ninguna institución de Gobierno. Y me da mucha depresión haber tenido que dejar mi casa, pensar que si mi hija regresa o me llama al teléfono que teníamos ahí, que ella se sabía de memoria, no me va a encontrar, no voy a poder contestarle la llamada, porque tuvimos que irnos. Lo único que pude hacer fue enviar mi número a algunas amistades, por si un día la ven llegar, para que le digan a dónde marcarme. Han pasado más de diez años desde que se la llevaron y yo he buscado con otras madres en muchos lugares, incluso en otros estados, hemos ido a Guerrero, Sinaloa, Tijuana, y mientras no la encuentre de otra forma voy a mantener la esperanza de que está viva.

Entre las familias consultadas, una de cada cinco tenía miembros en edad infantil cuando las autoridades estatales o federales perpetraron la desaparición o ejecución de alguno (o algunos) de sus integrantes y, en casi todos los casos, esos menores eran hijos e hijas de las víctimas. Esos niños y niñas han presentado trastornos psicológicos que se expresan en aislamiento, depresión, frustración, ansiedad, sentimientos de abandono, deterioro de la salud física y dificultades de aprendizaje.

Una de estas familias es la de Guadalupe Vicario, habitante de Chilpancingo, Guerrero, quien busca a su esposo y a sus dos hijos adultos, secuestrados por la policía estatal en 2013. Sus hijos menores, así como su nieta, fueron testigos.

> Mi hija tenía 10 años, mi nietecita tenía 5 años y mi otro hijo tenía 12 años —explica Guadalupe—. Ellos vieron, principalmente mi niña, que fueron los policías, los estatales. Yo estaba haciendo tortillas afuera de la casa, en el comal, cuando pasó una camioneta de la policía. De repente, escuché que gritaron: "Hijos de su puta madre, nos los vamos a llevar a todos". A mí me apuntaron en mi cabeza y no me dejaron mover, nomás escuchaba gritos y me dijeron: "Si hace algo la vamos a matar". Y cuando sentí que ya no tenía el arma en la cabeza, me paré y salí corriendo para adentro de mi casa. No había nadie.

Sin dar razón, la policía estatal se llevó a Agustín Martínez, esposo de Guadalupe, y a sus hijos Agustín y Héctor, de 21 y 19 años, dedicados a la recolección de leña en el monte, para luego venderla, quienes hasta la fecha están desaparecidos.

A su hijo de 12 años, Guadalupe lo halló escondido debajo de una cama y a su hija y nieta bajo los asientos de la camioneta en la que la familia transportaba la leña.

> Luego de eso, mis niños, con el miedo, no querían ni que yo me fuera a trabajar, pero somos de escasos recursos. Yo vendo tortilla para mantenerme y mi esposo juntaba leña para vender, y después de eso yo les decía: "Mis hijitos, se encierran y no le abran a nadie", porque tenía que dejarlos para trabajar. Y cuando regresaba los encontraba debajo de la cama y me decían: "Mamá, hubo una balacera", porque vivimos en un lugar con mucha violencia. Hasta la fecha eso les sigue afectando, ellos no salen a la calle, tienen miedo. Nada más oyen algo, que ven alguna camioneta despacio, les da miedo. Les da miedo porque sienten que otra vez van a venir... y mi niña todavía dice que a veces sueña que los policías se van a meter a la casa y que se los van a llevar.

A pesar de que han transcurrido más de 16 años de conflicto armado, no existe un registro de huérfanos, dependientes económicos y víctimas indirectas dejadas por las operaciones de seguridad emprendidas por las autoridades. Solo queda un rastro de miedo y un rastro de odio, con efectos imposibles de dimensionar en el presente, aunque previsiblemente habrán de revelarse en el futuro.

De las familias consultadas, cuarenta contaban con integrantes menores de edad y, en al menos 14 de ellas, esos niños y niñas incubaron sentimientos de profundo rencor, e incluso anhelos de venganza, contra las autoridades en general, o contra las corporaciones que perpetraron la desaparición o ejecución de sus seres queridos.

"Mis hijos se acuerdan hasta la fecha de su tío Panchito", dice Susana al hablar de su hermano Francisco Robles Villa, un albañil de 37 años que en 2017 fue asesinado frente a sus sobrinos pequeños en Morelia, Michoacán, por policías estatales. "Lloran y preguntan por qué, por qué tuvieron que matar a su tío. Y yo tengo que explicarles que fue porque Dios necesitaba a alguien más junto a él".

Siguiendo el mismo patrón que el resto de las autoridades del país, los policías que mataron al "tío Panchito" dijeron que su respuesta fue proporcional al riesgo que enfrentaban, ya que él les había disparado, aunque se probó que eso era mentira. Primero con un video captado por vecinos y luego mediante exámenes forenses, se demostró que Francisco Robles Villa no estaba armado y que no había hecho disparos en las horas y días previos a su deceso, pero aun con estas evidencias ningún policía fue imputado.

Ahí donde debería haber justicia, lamenta Susana, queda un hueco de impunidad que se ha ido llenando de frustración y, en el caso de los niños de la familia, también de odio.

Cuando todo ocurrió, recuerda, "mi hijo pequeño apenas hablaba, y cuando empezó a hablar más decía que cuando fuera grande iba a matar a los pistoleros que mataron a su tío Panchito. Esa va a ser una situación muy dura porque la sangre nunca te deja de doler".

8

Las otras víctimas

Mi esposo amaba ser policía. Y tenía muchos planes para nosotros como familia, como matrimonio. El mayor era construir nuestra casa propia porque vivíamos con mis suegros. Y soñábamos que íbamos a hacernos grandes juntos, criar a nuestro hijo, que tenía 6 años cuando pasó esto. A mi esposo y a sus compañeros se los llevaron los policías estatales y cuando fuimos a pedir la intervención de su comandante, él solo nos dijo: "Búsquenlos, están perdiendo el tiempo, búsquenlos".
Aurora Montero Moreno, esposa de Agustín Rivera Bonastre, policía municipal del ayuntamiento de Úrsulo Galván, Veracruz, desaparecido junto con otros siete compañeros de corporación, por policías estatales, el 11 de enero de 2013.

"Voy portando mi fusil porque aspiro a saber lo que es la guerra", reza en una de sus estrofas el himno de infantería del Ejército Mexicano que, salvo por su pequeña participación de asistencia aérea en la Segunda Guerra Mundial y los enfrentamientos de escala menor que sostuvo con los movimientos guerrilleros de los años setenta, no había participado en ninguna confrontación desde la Revolución y la Guerra Cristera, hasta que fue llamado a encabezar la lucha contra el crimen organizado en diciembre de

2006. Fue así, y no en la lid contra el "pérfido invasor", tal como pregonaba el himno marcial, que los soldados mexicanos del presente conocieron el combate.

Aunque no suele hacerse con frecuencia, las personas que forman parte de las Fuerzas Armadas, y que ahora ejercen funciones policiacas que se alejan de su misión constitucional (defender al país de amenazas externas y apoyar a la población ante emergencias y desastres), deben contarse entre los afectados por la política de seguridad.

Tal como informaron el Ejército y la Marina Armada al ser consultados como parte de esta investigación, entre diciembre de 2006 y diciembre de 2023 al menos 698 militares y sesenta marinos han muerto durante operaciones vinculadas con la "campaña permanente contra el narcotráfico y la Ley Federal de Armas de Fuego y Explosivos", como las Fuerzas Armadas denominan a la estrategia de guerra contra el crimen organizado. Además de ellos, otros 242 militares y 55 marinos han sido víctimas de desaparición en el contexto de esas operaciones. Así, oficialmente se reconocen 1 055 casos de muertes o desapariciones forzadas entre el personal de las Fuerzas Armadas, a raíz del conflicto interno.

Tal como ocurre con los casos de civiles que han sido víctimas de las autoridades, el registro de bajas que las fuerzas públicas han sufrido durante la aplicación de esta estrategia de seguridad deja fuera un número hasta el momento no determinado de soldados, marinos y policías que sufrieron la violencia de Estado y a los que se les niega la conidición de víctimas.

Uno de esos casos es el de Mateo Torres Rodríguez, de 68 años, sargento retirado del Ejército que, tras concluir su participación activa en dicha institución, se integró a la estructura directiva de la policía estatal de Guerrero. Como mando de esta corporación de seguridad pública, en 2009 el "comandante Mateo", como era conocido, recibió la misión de coordinar las operaciones de la policía municipal de Chilpancingo, la capital del estado. Ese cargo ejercía cuando fue desaparecido dentro del cuartel militar de esa ciudad luego de que ingresó para cobrar su pensión de retiro.

> El 6 de junio de 2009, mi papá se dirigió al cuartel —narra su hijo, Pedro Torres Castañeda—, a la pagaduría, para cobrar su pensión. Ingresa por la puerta 1, la puerta principal, y después de un rato, ya que hace el cobro, al querer retirarse por la misma puerta principal, el jefe de guardia le indica que no puede salir por ahí, que tiene que recurrir a la puerta 2. Como mi papá era suboficial de la Policía Estatal, comisionado en Chilpancingo con el cargo de coordinador operativo de Seguridad Pública Municipal, iba acompañado de un equipo de escoltas. Cuando le indican que debía salir por la puerta 2, llama a sus escoltas, que estaban en el acceso principal del cuartel, para decirles que pasaran por él a la puerta 2. Ellos se van para esa puerta, se estacionan y ven a mi papá dentro del cuartel, acercándose a la salida. Cuando estaba a una distancia de 15 metros o 20 metros de la puerta, una camioneta Honda verde militar se acerca al vehículo de los escoltas y les empieza a pitar. En esa camioneta iban cuatro hombres armados, con corte de pelo tipo militar. Los escoltas les informan a esos hombres que van a recoger al comandante Mateo, pero el conductor de la camioneta verde les dice que no pueden estar ahí, que ese no es estacionamiento, que se muevan. Ellos le dan la vuelta al cuartel para entrar por el otro lado de la calle y mi papá les vuelve a llamar: "¿Dónde fregados están? Ya estoy en la puerta 2". Ellos le dicen que están a punto de llegar, que unos militares les dijeron que se tenían que quitar de donde estaban y que ya van por él. Un minuto después, cuando los escoltas llegan a la puerta 2, mi papá ya no está. Le marcaron y su teléfono los mandó al buzón de voz. A partir de ese momento, desconocemos qué pasó con mi señor padre.

Aunque la denuncia por la desaparición del comandante Mateo fue presentada ese mismo día ante el Ministerio Público local, las investigaciones no contaron con el apoyo de los mandos del cuartel militar donde fue desaparecido el jefe policiaco. Los militares se negaron a brindar información e, incluso, negaron que el comandante hubiera estado ahí.

> Cuando los escoltas no encontraron a mi papá, se fueron a la casa de la familia para ver si había regresado por su cuenta. Ahí nos percatamos de su desaparición. Mi hermana se dirigió a la zona militar, a la puerta 2, pero le negaron el acceso y cuando ella preguntó si habían visto a mi papá los militares le dijeron que no, que se fuera, que no estuviera fregando. Mi padre era una persona insobornable y, aunque no tengo pruebas para afirmarlo, pienso que se dio cuenta de algo que no estaba bien, o le pidieron hacer algo que no aceptó, y por eso lo desaparecieron. No he dejado de investigar, he perdido todo lo que tenía, toda la familia se fue a la ruina, pero no vamos a parar. Fui al cuartel y ahí vi la camioneta que manifiestan los escoltas que les impidió acercarse a mi papá. Le tomé una foto y se la mostré a los escoltas y ellos lo confirmaron. Ese vehículo pertenecía al Grupo de Fuerzas Especiales del Ejército.

Una semana después, Pedro Torres dio una conferencia de prensa en Chilpancingo para denunciar que su padre, el comandante Mateo, había sido desaparecido por el Ejército y que a ninguna autoridad parecía importarle. En vez de obtener respaldo oficial, recuerda su hijo, a partir de ese momento

> los militares me pusieron a una persona de su Grupo de Información para que me vigilara, para monitorear las acciones que hacía, dónde y con quién salía. A la fecha, desconozco si todavía me vigilan. Hace poco, en el lugar donde tenía una cita pactada con algunas personas en Cuernavaca, esa persona se hizo presente. Por eso, y por otras circunstancias que hemos tenido que enfrentar a raíz de que desaparecieron

a mi padre, la vida ha sido muy dura. Estuve hospitalizado diez días en un pabellón psiquiátrico porque fui diagnosticado con trastorno de angustia, depresión y ansiedad. Y esto sigue constante. Ya no estoy bajo tratamiento psiquiátrico pero el sentir es el mismo. Cuando encuentro en la calle a una persona en calidad de indigente, me pongo a pensar en mi papá, en si acaso le habrán inyectado algo y ande por ahí, como un indigente más, sin saber quién es.

Ya que las autoridades de Guerrero no realizaron ninguna diligencia para investigar la desaparición del comandante de policía Mateo Torres Rodríguez, su familia peleó para que las indagatorias fueran atraídas por las autoridades federales, lo que finalmente logró, aunque tampoco estas hicieron nada.

Por esta doble omisión, la familia del comandante Mateo presentó una denuncia ante la Comisión Nacional de los Derechos Humanos, aunque tiempo después, en el colmo de la sinrazón, interpusieron una queja contra este organismo protector de las garantías individuales pues nada hizo para que la desaparición del mando policiaco fuese investigada.

Los testimonios recabados durante esta investigación dejan ver que, durante el tiempo que ha durado la guerra contra el crimen organizado, las familias de policías, soldados y marinos víctimas de ejecución o desaparición forzada a manos de las fuerzas del Estado han enfrentado una doble sensación de abandono de las autoridades, que no solo incumplen con su obligación de hacer justicia, sino que, además, al hacer de los familiares presas de la violencia oficial, quebrantan, traicionan el pacto de lealtad que las hijas, los hijos, cónyuges, padres y madres habían establecido con las corporaciones de seguridad de las que formaban parte; una lealtad que profesaban las familias de esas víctimas. Hacia ellas también se extiende la traición.

Así lo explica Marisela Sánchez Gómez, esposa de Aureliano Sánchez Tonil, policía municipal del ayuntamiento de Úrsulo Galván,

Veracruz, desaparecido junto a otros siete compañeros de corporación el 11 de enero de 2013 por elementos de la policía estatal coaligados con el Cártel Jalisco Nueva Generación.

> Han pasado más de 10 años desde que se los llevaron y la investigación no ha avanzado. Yo quisiera decir que después de todo ese tiempo he entrado en la conformidad, en la resignación, pero no. Lamento reconocer mi impotencia, mis límites, mi edad, mi deterioro de salud. Tuve un derrame óculo-vascular y solo veo la mitad con ese ojo. Casi no puedo caminar porque tengo desgaste de cadera y mis 67 años se han triplicado con la angustia, la depresión, la tristeza. Las familias de esos ocho policías municipales nos hemos portado disciplinadas, con empatía y educación con las autoridades, obedeciendo las reglas y disposiciones gubernamentales. Pero ellos no han respondido de la misma manera. Nos han mentido, nos han engañado, han victimizado a nuestros familiares desaparecidos.

Según la narración que realizaron testigos de los hechos ante las autoridades ministeriales, Aureliano y sus compañeros Agustín Rivera Bonastre, Juan Carlos Montero Parra, Luis Alberto Valenzuela González, Javier Araus Molina, Guillermo Torres Perdomo, Samuel Montiel Perdomo y Alejandro Báez Hernández, policías municipales de Úrsulo Galván, realizaban un rondín de rutina a bordo de una patrulla, cuando decidieron detenerse a un costado de la carretera para comprar elotes en un puesto ambulante. En ese momento fueron interceptados por elementos de la Secretaría de Seguridad Pública del Gobierno de Veracruz, que se transportaban en al menos dos camionetas oficiales.

Según los testigos, los policías estatales comenzaron a insultar a los municipales, luego los desarmaron y, a golpes, los hicieron subir a las camionetas, en las que partieron con rumbo desconocido, llevándose también la patrulla que tripulaban los agentes de Úrsulo

Galván. Ese vehículo fue localizado al día siguiente, incinerado. Los ocho policías municipales raptados por agentes de la policía estatal permanecen desaparecidos.

> Cuando mi esposo no llegó a la casa —recuerda la señora Marisela—, supuse que se había quedado doblando turno. A la mañana siguiente le preparé un cambio de ropa, le hice el almuerzo y me fui a la comandancia. Pero cuando llegué, encontré que había policías corriendo por todos lados, elementos de la Marina, patrullas, mucha gente. Entré a la comandancia y todo mundo estaba apurado, recogiendo sus cosas, todos estaban huyendo. Estaba impresionada y pregunté qué pasaba. Me dijeron: "Jefa, esto ya valió madres". No entendí, les pregunté dónde estaba mi esposo, dónde estaban los demás. Me dijeron: "Se los llevaron, jefa, y los demás nos vamos, porque van a venir por nosotros". Yo les grité a los policías que quedaban que no fueran cobardes, que no los dejaran solos, que eran sus compañeros, pero nadie me hizo caso. Un funcionario gritó que si se los habían llevado era por culpa de ellos, pero ese sujeto no sabía de lo que hablaba. Ellos solo estaban trabajando e incluso los vecinos trataron de defenderlos. Cuando los estatales llegaron y los empezaron a golpear, los vecinos salieron de sus casas. Los estatales solo se voltearon y les dijeron: "Ustedes cállense, pendejos, porque a ustedes también les vamos a partir su madre, mejor enciérrense en sus casas". Yo quisiera hacer una mejor explicación de nuestra situación, que le llegara a las autoridades al alma para que nos entendieran e hicieran avanzar las investigaciones, porque lo único que queremos es que nuestros familiares vuelvan con nosotras.

Las investigaciones oficiales no solo están detenidas, sino que parecen retroceder debido a que, desde diciembre de 2023, los nombres de estas víctimas ya no se incluyen en la lista gubernamental de "casos confirmados" de desaparición forzada. Tres de esos policías fueron eliminados del registro y los otros cinco aparecen como casos en los que la autoridad no cuenta con datos suficientes para validar siquiera el reporte.

> Ese día mi esposo le había prometido a nuestro hijo, que estaba chico todavía, que iba a llevarlo a jugar al río. Ahora, los que antes eran niños ya son hombres, y yo me pregunto: ¿podemos formar así a nuestros hijos, con mentiras, diciéndoles que no se preocupen, que las autoridades son para salvaguardar los intereses de la sociedad, que están para protegernos? Las autoridades no están para protegernos. Ahora mi hijo lo primero que hace es eludir a las patrullas cuando las ve acercarse. Aunque no se dedica a nada malo, siente que, si lo llegan a parar, le van a hacer algo.

■

Además de los integrantes de las Fuerzas Armadas que han sido asesinados y desaparecidos en combate contra grupos delictivos o como resultado de la violencia de Estado, entre el personal del Ejército, la Marina y corporaciones policiacas existe otro conjunto de víctimas en el tiempo que ha durado la guerra contra el crimen organizado: el de quienes han sobrevivido, con daños profundos a su salud mental, generados por su participación en confrontaciones, masacres, crímenes de lesa humanidad y campañas de acoso a la población civil.

De este grupo de víctimas poco es lo que se sabe. Están en el extremo final del iceberg de la violencia en México, la capa más oculta, la más alejada de la superficie y la menos visible, a pesar de lo cual existen algunos atisbos de su existencia.

El 27 de septiembre de 2014 ocho militares adscritos al cuartel de infantería asentado en Iguala, Guerrero, fueron trasladados al hospital militar de Chilpancingo para ser sometidos a exámenes psicológicos, apenas dos horas después de que fuerzas públicas aliadas con grupos criminales atacaron y desaparecieron a 43 estudiantes de la Escuela Normal Rural Raúl Isidro Burgos.

Según los reportes del Ejército* en los que quedó inscrito este episodio, el requerimiento de atención psicológica se realizó con tal urgencia que el vehículo oficial en que se transportaron salió de Iguala cuando aún no amanecía, mientras esa cabecera municipal y la carretera que llevaba a Chilpancingo continuaban bajo ataque de "hombres armados agrediendo a los automovilistas", por lo que parte del recorrido debieron hacerlo a través de caminos de terracería, "por la montaña".

Cuando el Ejército fue consultado acerca del papel que jugaron esos ocho militares durante los ataques contra los normalistas, así como de las razones que llevaron a su atención urgente, la Secretaría de la Defensa Nacional negó contar con dicha información e, incluso, dijo desconocer la identidad de esos soldados o si continuaban dentro de sus filas. Solo reveló que, luego de los ataques contra los estudiantes de la Escuela Normal Rural Raúl Isidro Burgos, 17 militares asentados en Iguala se dieron de baja y a otros 33 se les rescindió el contrato.

■

El tipo de daños a la salud mental que enfrentan los integrantes de las fuerzas de seguridad por su participación en la guerra contra el crimen organizado queda reflejado en una carta escrita en mayo de 2018 por un integrante del Ejército y dirigida al entonces presidente de la República, Enrique Peña Nieto, en la que le pide "su ayuda para

* 27 Batallón de Infantería, "Mensaje urgente", folio 22655, y "Mensaje urgente", folio 22635. 27 de septiembre de 2014.

subsanar problemas de carácter psicológico [y] estrés postraumático debido a operaciones de alto impacto".

Como narra en su misiva, él fue uno de los cientos de soldados enviados a Nuevo León en 2011 para enfrentar al cártel de Los Zetas, grupo criminal conformado por exintegrantes del Ejército Mexicano. La campaña militar, señala, produjo graves estragos en su salud mental, en especial luego de los combates registrados en octubre de 2011: "como dicho evento donde fuimos emboscados o como el del rancho Las Águilas —la toma del mayor campo de entrenamiento de grupos delictivos identificado hasta la fecha, diseñado para albergar y dar capacitación a tandas de doscientos combatientes—, dejando un saldo de 23 muertos, los cuales yo vi eran más".

La carta fue ignorada y, en vez de darle ayuda, el Ejército dio de baja al soldado, agravándose todavía más su condición de salud. Por esa razón, en julio de 2020, dirigió una segunda carta,* esta vez al nuevo titular del Poder Ejecutivo federal, Andrés Manuel López Obrador, en la que ruega por asistencia ya que, confiesa, ahora escucha voces "invitándome al suicidio una y otra vez". La constancia de esas voces dentro de su cabeza, añade el soldado, ha ido "cortando la amistad de mis familiares, amigos, cortándome todos los trabajos", dejándolo inmerso en una permanente sensación de "desprecio a mi persona". Entre los registros consultados durante esta investigación no fue posible encontrar ninguna evidencia de que el presidente Andrés Manuel López Obrador hubiese brindado algún tipo de apoyo a ese soldado.

Expresiones generales sobre daños a la salud mental de quienes han sido parte de las Fuerzas Armadas en el tiempo transcurrido durante la guerra contra el crimen organizado pueden hallarse en los registros de los servicios médicos del Ejército y la Marina, que entre

---

* Misiva obtenida a través de *Guacamaya Leaks*.

2007 y 2022 han emitido 337 certificados de defunción en los que la causa de muerte inscrita es presunto suicidio.*

Por otra parte, en el periodo transcurrido entre 2008 y 2021 los servicios médicos de la Marina Armada de México han reportado la atención a 2 132 de sus integrantes por distintos tipos de trastornos mentales. De todos ellos, cuatro de cada diez presentaron cuadros depresivos, el más frecuente de los cuales fue el "trastorno mixto de ansiedad y depresión", aunque también se registraron atenciones por trastornos disociativos, delirantes, de la personalidad, afectivos, neuróticos, del humor, cognitivos, obsesivo-compulsivos, de adaptación, de somatización, derivados del consumo de alcohol y otras sustancias, así como cuadros de reacción al estrés agudo, estrés postraumático, ataques de pánico e inestabilidad emocional.

Las estadísticas oficiales sobre la salud mental del personal de las Fuerzas Armadas no incluyen el total de personas que han sido atendidas porque a lo largo de la guerra contra el crimen organizado la Marina ha suspendido en distintos momentos la divulgación de sus registros de egresos hospitalarios, mientras que los servicios médicos del Ejército nunca han hecho pública su información sobre atención a pacientes.

Aun así, esas víctimas afectadas por la violencia están ahí.

---

* Secretaría de Salud, base de datos sobre "Defunciones".

9

Costos y resultados

Cuando tienes un desaparecido, toda la familia se aleja, todos tienen cosas que hacer. Papá, hermanos, nadie ha buscado conmigo. Es un punto que no tocamos en casa. Yo subo y bajo, pero no le digo nada a mi familia, ellos se han guardado su dolor y yo el mío. Quizá yo sola no hubiera buscado, la verdad. Pero cuento con la ayuda de otras esposas y mamás buscadoras. Cuando necesito ser escuchada, ellas me escuchan; cuando necesitan ser escuchadas, yo las escucho.
Reina Fernández Delgado, esposa de Javier Araus Molina, policía municipal desaparecido, junto con otros siete compañeros, por agentes de la Policía Estatal de Veracruz, el 11 de enero de 2013.

Tal como han afirmado las fuerzas políticas que llegaron a la presidencia de México en los últimos 18 años, la guerra contra el crimen organizado siempre ha perseguido el mismo objetivo: restituir a la ciudadanía el goce de derechos afectados por la delincuencia mediante la captura y el enjuiciamiento penal de quienes forman parte de grupos criminales.

Entre 2011 y 2021 (únicos datos disponibles oficialmente) las autoridades formularon imputaciones penales contra más de medio millón de personas por su presunta participación en alrededor de 600 000 hechos delictivos vinculados con narcotráfico o delincuencia organizada.*

El sometimiento de esos cientos de miles de personas ante las instituciones de justicia es el resultado real, concreto, que se ha logrado cosechar durante esta larga tormenta de balas y sangre. Los miles de asesinatos que ha dejado el conflicto armado, los ataques sufridos por la población, las personas que han sido víctimas de desaparición forzada, las familias que han sido obligadas a huir de sus hogares, las niñas y los niños que han quedado huérfanos, los grupos vulnerables perseguidos, las localidades asediadas y las parcelas abandonadas, los sueños cancelados, los crímenes de lesa humanidad y la violencia, las vejaciones, el dolor, el rencor y el terror que a lo largo de estos años han sido experimentados en gran diversidad de formas, son el costo que ha pagado la sociedad mexicana para que esos 600 000 crímenes atribuidos a la delincuencia organizada, junto con los cientos de miles de personas que los cometieron, fueran sancionados.

No obstante, los registros generados por los tribunales de justicia evidencian que, en el 96% de los casos, las autoridades a nivel estatal no lograron comprobar la culpabilidad de las personas contra las que formularon ese tipo de imputaciones, mientras que, a nivel federal, ese índice de fallidos procesos penales llega a 97 por ciento.†

A la luz de estos datos, la guerra contra el crimen organizado ha fracasado porque solo ha permitido probar y sancionar 4% de los delitos cuya supuesta ocurrencia dio origen y mantiene vigente el conflicto armado. En el restante 96% de los casos puede tenerse como

---

* INEGI, censos de procuración de justicia estatales y federales.

† INEGI, censos de procuración e impartición de justicia estatales y federales. Debido a la disponibilidad limitada de los datos, para registros estatales se contrastaron los delitos en averiguaciones previas y carpetas de investigación, contra delitos en sentencias condenatorias del periodo 2017-2021. Para registros federales, se usó el periodo 2019-2021.

probada la intervención de la autoridad en la vida de las personas, pero no que hubieran cometido delito alguno.

Más grave todavía es el hecho de que, como esos registros evidencian, la guerra contra el crimen organizado no ha sido dirigida contra los integrantes de estructuras delictivas, sino, en la mayoría de las ocasiones, contra personas a las que de manera injustificada les fueron imputados crímenes que no cometieron o en que la procuración de justicia ha sido incapaz de realizar su trabajo presentando investigaciones sólidas.

Los registros oficiales consultados muestran que de cada diez personas contra las que se iniciaron investigaciones penales por delitos asociados al crimen organizado, siete fueron imputadas por posesión simple de narcóticos —cantidades tan menores que no alcanzaron para ser consideradas prueba de tráfico de drogas—, un delito que solo es indicio de que la persona acusada consume drogas, pero no que forme parte de organizaciones delictivas. En contraste, solo tres de cada diez personas fueron acusadas de delincuencia organizada o de delitos federales relacionados con el narcotráfico.

Respecto a las personas que fueron acusadas de delincuencia organizada o delitos federales de narcotráfico, las autoridades no lograron probar la culpabilidad en 97% de los casos. Y sobre los acusados de posesión simple, el índice de fracaso en la obtención de condenas fue todavía mayor: 99 por ciento.

Estos registros evidencian que, mientras las autoridades han concentrado los esfuerzos de la guerra en la persecución de miles de personas inocentes a las cuales imputar el delito de posesión simple de estupefacientes para engrosar con ello sus estadísticas de efectividad, la persecución y el castigo de los miembros de estructuras criminales han sido mínimos y en la mayoría de los casos a la parte baja de la estructura criminal, dejando impunes a los altos mandos y otorgando un amplio rango de impunidad.

Si en un extremo de la balanza se pudieran colocar los costos de la guerra contra el crimen organizado y en el otro extremo se pusieran los logros alcanzados en términos de aplicación de la justicia, el equilibrio sería imposible. Mucho se ha pagado en sangre, en lágrimas, en fuego, a cambio de prácticamente nada. O, mejor dicho, a cambio de más sangre, lágrimas y fuego, de más gente inocente sometida a la violencia de Estado en nombre de la justicia, de la paz y la tranquilidad.

Si la guerra no ha servido para llevar ante la justicia a los verdaderos generadores de la violencia o para devolver a la ciudadanía los derechos que le arrebató la delincuencia, si las baterías del Estado no apuntan contra los altos mandos de grupos criminales, sino, de manera muy frecuente, contra población inocente e indefensa, y el conflicto armado ha generado más violencia de la que pretendía evitar, ¿qué sentido tiene mantenerlo en marcha? Ante la violencia criminal, la estrategia mexicana se centra en más militares, más prisión preventiva oficiosa y elevar penas. La justicia ha sido olvidada pues la clase política se niega al fortalecimiento de fiscalías que operen en clave de Estado de derecho y no bajo control político.

Una duda similar se formuló, en 1917, el escritor alemán Hermann Hesse, al reflexionar sobre la naturaleza de los conflictos armados en su libro *Y si la guerra siguiese*: "¿Es acaso todo esto para conservarnos y salvaguardarnos?". Su respuesta fue: no.

La verdad, dijo, es que sin los enormes sacrificios que la guerra representa para los pueblos "nuestros ejércitos no podrían luchar ni una semana". Y si eso ocurriese, la falsa noción de seguridad que se construye con la escalada bélica terminaría derrumbándose bajo su propio peso, junto con los grupos de poder que moran en sus cumbres.

En cambio, señaló en una imaginaria carta dirigida a un ministro de Gobierno, si se abandonara tan solo por un instante esta lógica militarista, las élites políticas podrían ser capaces de calibrar el verdadero costo de sus decisiones.

> Vería usted la tierra, nuestra vieja y paciente tierra, tan cubierta por tantos muertos o moribundos, tan asolada y destrozada, tan quemada y violada. Podría usted ver durante días a los combatientes en la tierra de nadie, incapacitados por tener sus manos mutiladas y sin poder siquiera espantar las moscas que se ensañan en sus heridas mortales. Escucharía usted las voces de los heridos, los gritos de los enajenados, las quejas y las acusaciones de las madres y padres, novias y hermanas, el aullido de la gente que tiene hambre.

Eso, concluyó, debería bastar para que quien no lo ha hecho todavía comprenda, al fin, que "un solo día de guerra cuesta más de lo que se pudiera ganar".

Aunque ha transcurrido más de un siglo desde que Hesse escribió estas palabras, su vigencia no ha menguado. De ello es muestra el río de sangre y lágrimas que fluye tempestuoso por el presente mexicano.

Tan absurda como es la guerra, lógica es la resistencia de las víctimas que la padecen, su impulso de sobrevivencia y reconstrucción. Por ello, si en medio de este conflicto armado existen personas que luchan para que los derechos ciudadanos sean restituidos a toda la población, por el restablecimiento de la paz y la tranquilidad públicas, por la justicia, por la verdad y por el cese de las hostilidades, ellas son las víctimas que la violencia, criminal y de Estado, ha dejado.

Aunque no se trata de un rastreo definitivo, esta investigación logró identificar 84 colectivos estatales y nacionales que aglutinan a miles de familias de víctimas de la violencia, creados entre 2006 y 2022. No son todas las personas que han sufrido la pérdida o la ausencia de un ser querido a raíz de la guerra contra el crimen organizado; son solo las que han logrado encontrarse y hermanarse. Muchas más buscan sin apoyo de nadie y, con seguridad, son mayoría las que no lo hacen por temor a represalias. También se identificó a medio centenar de organizaciones ciudadanas e instituciones académicas que les dan acompañamiento técnico a esos colectivos. En conjunto, tejen una red de trabajo dedicada al rastreo de fosas clandestinas en todo el país, a la localización e identificación de víctimas desaparecidas y ejecutadas, a la búsqueda de justicia mediante investigaciones independientes y acciones legales, a la consolidación de reformas legislativas que atiendan la violencia que vive México y, también, a consolarse entre sí.

Fue ese proceso organizativo, surgido espontáneamente del dolor y del abandono del Estado, lo que en 2011 aglutinó a miles de familias en el Movimiento por la Paz con Justicia y Dignidad, cuya marcha por el país, recogiendo el testimonio de más y más víctimas, obligó a Felipe Calderón a reconocer que el fenómeno de violencia generalizada, propiciado por su estrategia de seguridad militarizada, no era un simple tema de "daños colaterales" y, por ello mismo, a aceptar la redacción de la Ley General de Víctimas que, no obstante, en el ocaso de su mandato se negó a promulgar.

Luego, el peso moral de esas mismas familias organizadas obligó a Enrique Peña Nieto, sucesor de Felipe Calderón en la presidencia, a emitir dicho ordenamiento legal como su primer acto de gobierno, reconociendo a esas víctimas su derecho a "participar activamente en la búsqueda de la verdad". Esta ley dio paso a la creación de un registro de personas afectadas por la violencia en México, de un sistema de atención y reparación integral del daño, así como de un fondo para indemnizaciones.

Por desgracia, Peña Nieto usó estos instrumentos de atención como un medio para someter a las víctimas organizadas, para controlarlas y subyugarlas mediante el condicionamiento de prerrogativas, lo que en alguna medida logró. A pesar de ello, durante el sexenio de Peña Nieto los colectivos de familias pudieron consolidar un nuevo frente de lucha, el Movimiento Nacional por Nuestros Desaparecidos, que redactó, promovió y en 2017 logró la aprobación legislativa de la Ley General en Materia de Desaparición Forzada de Personas, Desaparición Cometida por Particulares, y del Sistema Nacional de Búsqueda de Personas, forzando así a las autoridades a crear un listado público de víctimas de desaparición, comisiones oficiales para su rastreo y localización, así como una red de centros de identificación forense que pudiera analizar los más de 50 000 cadáveres sin reconocer que, durante la guerra contra el crimen organizado, se acumularon en fosas comunes.

Estas conquistas alcanzadas por las víctimas organizadas fueron dinamitadas por Andrés Manuel López Obrador, quien desde el inicio de su sexenio, en 2018, descalificó a esas familias, asegurando que en México no existe sociedad civil organizada fuera de los partidos políticos y que el interés que impulsa a esas familias no es hallar justicia, sino dañar su "investidura" como mandatario.

Guiado por esta lógica, López Obrador paralizó el sistema de atención y reparación a víctimas de la violencia, las comisiones de búsqueda de personas desaparecidas y la red de centros de identificación forense. Dejó de acatar las leyes en materia de transparencia, en especial cuando estas lo obligaban a revelar información sobre abusos cometidos por el Ejército, la Marina y otras corporaciones de seguridad y, también bajo su cobijo, censuró las versiones públicas de las investigaciones realizadas por la Comisión Nacional de los Derechos Humanos para eliminar los fragmentos donde dichos abusos se describían.

De esta manera, durante el tiempo que ha durado la guerra contra el crimen organizado, las familias de víctimas de la violencia han debido luchar no solo por la paz y la justicia negadas, sino contra el hostigamiento hacia sus redes y contra el olvido, el borrado, de sus exigencias.

Esto ha llevado a muchas de estas familias a transitar hacia la condición de defensoras de derechos humanos. Este es quizá el único aspecto constructivo derivado de esta guerra: la gestación de un núcleo civil, reducido y desarticulado, sí, pero con una perspectiva activa del ejercicio, y defensa, de sus derechos democráticos, surgida del atropello, no de intereses políticos o ideológicos.

Así lo explica la abogada Araceli Rodríguez, mamá de Luis Ángel León Rodríguez, un sargento de la Policía Federal quien fue raptado y desaparecido el 16 de noviembre de 2009, junto con otros seis compañeros de corporación y el civil que les daba servicio de traslado en su vehículo particular, y a quienes las autoridades abandonaron a su suerte. El de Luis Ángel es uno de los miles de casos que el gobierno del presidente Andrés Manuel López Obrador eliminó del registro nacional de personas desaparecidas, no por haber sido encontrado, sino para simular una disminución en la incidencia de este tipo de hechos.

> Cuando pasa lo de Luis Ángel —dice la señora Araceli—, en mi mente no estaba nada de lo que ahora soy. Yo no planeé convertirme en defensora de derechos humanos, en abogada, en rastreadora de fosas, en acompañante de otras víctimas. Fue el paso del tiempo sin el regreso de Luis Ángel y sus compañeros, fueron los meses y meses de ver omisiones de las autoridades, de ver irregularidades en su actuación, de recibir amenazas de muerte. Fue por todo eso que decidí manifestarme y protestar para obligar a las autoridades a salir a buscar a los muchachos. También decidí estudiar la secundaria abierta. Luego hice la preparatoria y en 2017 decidí inscribirme en la universidad y estudiar Derecho. Me gradué con promedio de 9.73 y ahora estoy estudiando la maestría. Ahora estoy en condición de informarles a las familias de otras víctimas, a las personas sin apoyo, cuáles son sus derechos, bajo qué artículos pueden argumentar, fundamentar o motivar la promoción de un recurso legal, apoyar para que

> sepan cómo defenderse. Y no voy a parar. Quienes hemos aprendido a alzar la voz ya no vamos a callar nunca.

Es en reconocimiento a esas familias, y a las personas amadas en cuyo nombre alzan la voz, que esta investigación fue realizada.

Epílogo

No son miles de casos aislados

La "guerra contra el narco" iniciada en el sexenio de Felipe Calderón produjo un dramático incremento de violencia generada por grupos criminales y por agentes del Estado que actúan de forma independiente o en colaboración. Esta "guerra" ha mostrado a un Estado con débiles capacidades institucionales. La utilización de las Fuerzas Armadas pretende resolver esta carencia, como si el Ejército, la Marina y la Guardia Nacional fueran cuerpos sólidos, capacitados y sin colusión con grupos criminales. La estrategia se ha centrado en el uso de la fuerza y no en las capacidades del Estado. Destaca de manera importante que la estrategia nunca haya contemplado la reducción de la impunidad ni el desmantelamiento de redes macrocriminales en las que se encuentran tanto criminales como políticos y fuerzas del Estado.

Ante la creciente violencia y la impunidad reinante, los gobiernos, respaldados por buena parte de la opinión pública, han generado en los hechos un Estado de excepción que se ha venido profundizando.

En esta lógica, los grupos criminales deben ser combatidos por encima de la ley. La guerra contra las drogas generó condiciones y políticas que promueven la ejecución, desaparición y tortura, protegidas por un manto de impunidad. Los agentes del Estado pueden asesinar o desaparecer personas sin dar mayores explicaciones. Los más de 1 800 casos documentados en esta investigación muestran que esta estrategia ha llevado a ejecuciones extrajudiciales y desapariciones forzadas tanto de miembros del crimen organizado como de agentes del Estado y de personas sin vínculo alguno con actividades criminales.

Las cifras son alarmantes. Más de 30 000 casos de tortura registrados en las fiscalías del país, más de 110 000 personas permanecen desaparecidas según cifras oficiales y más de 350 000 asesinatos de los que se desconoce en cuántos estuvieron involucrados agentes del Estado.

La justicia no es un elemento considerado en la estrategia que ya abarca tres sexenios de distintos partidos políticos. Tan solo hay 43 sentencias condenatorias por tortura, cincuenta por desaparición y cuarenta por homicidio cometido por un servidor público en ejercicio de sus funciones. En este pequeño universo siempre se fincaron responsabilidades a algunos autores materiales dejando impunes a los altos mandos, creadores de políticas y estructuras violentas dentro y fuera del Estado. Se pretende administrar la justicia, aunque solo en casos emblemáticos, para simular y contener las exigencias sociales.

Ante la violencia producida por agentes del Estado, el discurso oficial ha presentado variantes con el mismo fondo: "en algo andaban", "daños colaterales", "se acabaron las masacres", "ya no hay impunidad", o se ha optado por omitir el tema. El mensaje es que las víctimas "merecían" ser asesinadas o desaparecidas. La estrategia lleva a asesinar presuntos criminales y presentar como criminales a aquellos que no lo son. Es por ello que estos hechos pretenden ser justificados como resultado de enfrentamientos que en muchos casos no ocurrieron. A las víctimas se les criminaliza al colocar armas o droga como parte de sus posesiones y son revictimizadas en el discurso público. Los distintos gobiernos han intentado explicar los asesinatos como indicador de éxito, como avance en la "pacificación" y que la guerra se está ganando.

Cuando los crímenes cometidos por agentes del Estado quedan en evidencia, los responsables son presentados como "manzanas podridas" y se intenta contener la presión social mediante el compromiso hueco de la justicia. Se despresuriza el caso y la justicia nunca llega, ni siquiera años después. Por ello se tiene una narrativa fragmentada de miles y miles de casos aislados.

Los casos documentados en esta investigación muestran que estos crímenes no son aislados en el tiempo ni en el territorio. Más bien dejan en evidencia un fenómeno sistemático y generalizado. Ante ejecuciones extrajudiciales de personas sin vínculo criminal lo primero es presentar el hecho como un enfrentamiento o "sembrar" armas y drogas. Si la evidencia muestra lo contrario, comienza la estrategia de vincular a las víctimas con actividades ilícitas. Cuando todo esto no es suficiente, se pretende contener los señalamientos minimizando los hechos con el argumento de las "manzanas podridas" o "eventos aislados" y la promesa vacía de justicia, que focaliza el crimen bajo la lógica del caso y se pierde de vista el fenómeno y su sistematicidad. Esto sugiere que existe un modo ilegal e institucionalizado de actuar con total respaldo político al más alto nivel. En prácticamente la totalidad de los casos no se investiga, procesa, ni castiga a los altos mandos.

Lo documentado en esta investigación muestra que no se trata de hechos aislados, sino de una estrategia, de patrones recurrentes que se repiten en el tiempo y en distintas partes del país por diversos cuerpos de seguridad. Los asesinatos y desapariciones muestran una sistematicidad que, de manera generalizada, produce violencia que es atajada políticamente para luego permanecer impune.

En resumen, la estrategia de seguridad implementada por Felipe Calderón, continuada por Enrique Peña Nieto y profundizada por Andrés Manuel López Obrador, en la que se involucró a las Fuerzas Armadas en tareas de seguridad, en el "combate" a grupos del narcotráfico, generó una justificación suficiente para que distintas autoridades utilizaran cualquier medio para presentar supuestos resultados. A partir de entonces, se han perpetrado miles y miles de crímenes por cuerpos de seguridad en todo el territorio nacional. Personas sin vínculo criminal han sido asesinadas o desaparecidas mientras los reportes oficiales intentan mostrar una realidad distinta en la que se busca justificar los hechos bajo un marco de legalidad, encuadrada en la estrategia de seguridad. Las víctimas han sido presentadas como criminales para generar respaldo social, mientras se garantiza impunidad y respaldo político a los perpetradores, desvinculando el caso del fenómeno.

Los ataques generalizados y sistemáticos contra población civil como parte de una política, en este caso una estrategia de seguridad, constituyen crímenes de lesa humanidad. Ante la evidencia, puede afirmarse que en México se han perpetrado, y se siguen perpetrando, crímenes de lesa humanidad por actores estatales y no estatales, con absoluta impunidad. Es decir, crímenes que, por su gravedad, están contemplados en el derecho penal internacional y que son competencia de la Corte Penal Internacional. No estamos ante miles y miles de casos aislados. Revertir esta situación obliga a centrarse en la impunidad.

Si la justicia en México no va a llegar, ya que no hay fuerza política que esté dispuesta a perder el control del sistema de justicia y acepte que las investigaciones alcancen a los más altos responsables políticos y militares, la alternativa se encuentra en la justicia internacional. El entorno mundial no favorece estas alternativas. Como ejemplo, podemos observar los múltiples conflictos que continúan sin que llegue la justicia. Sin respaldo internacional, solo queda el camino de la presión social que aún no logra articularse en México.

Anexo

Muestra de los testimonios recogidos durante esta investigación

ENTREVISTA CON GERARDO BACA PORTILLO, PAPÁ DE VÍCTOR MANUEL BACA PRIETO, DESAPARECIDO Y ASESINADO POR EL EJÉRCITO EN CIUDAD JUÁREZ, EN 2009

Mi nombre es Gerardo Baca Portillo. Soy padre de Víctor Manuel Baca Prieto. Ella es mi esposa, Guadalupe Prieto de Guay.

A nosotros nos sucedió lo siguiente con mi'jo: el 26 de febrero de 2009 estaban él y otro amigo [Alejandro Kabata] comiéndose un hot dog en un puesto donde había mucha gente, muy al público. Y llegó un montón de militares. Unos de los que pudieron, corrieron, y a los que no, los agarraron. Y total, que ellos no corrieron y los detuvieron y de ahí fue puro golpe.

En aquel tiempo ellos usaban los radiecitos en que usted marcaba, esos radiecitos portátiles. Cuando los detuvieron, a ellos les hablaba un amigo que habían dejado en su casa, Ramiro Unzueta. "Eh, eh, ¿a dónde se fueron? Se fueron a cenar y no me invitaron", les decía a través del radio.

Total, que los militares les dijeron: "Quién es este cabrón que les está hable y hable. ¿Es el jefe de ustedes?".

Los hicieron llevarlos a la casa del muchacho y a aquel lo sacaron de su casa con mucha violencia, también a golpes. Los juntaron a los tres.

Iban en trocas con numeración y uniformes militares, uniformes verdes. Aquí hay veces que pasan y hasta quién sabe qué siento así de verlos. Porque sabemos que fueron los de uniforme verde.

Nomás que la abuelita de ese muchacho que detuvieron en su casa se movilizó al noticiero, al día siguiente, el 27 de febrero, al Canal 44. Habló al noticiero para decirles que habían detenido a un nieto de ella. Total, que a Ramiro Unzueta lo consignaron a la Procuraduría General de la República, y el muchacho salió y nos habló luego luego. "¡Eh!", nos dijo, "no busquen a Víctor en ningún lado, está en la Sedena, nos detuvieron los militares".

Entonces, de ahí por qué la seguridad de nosotros cuando decimos de que fueron los militares, porque este muchacho salió y declaró y está en papeles, en documentos, está donde a él lo dejaron en libertad, que porque no le habían encontrado nada. Entonces, nosotros busque y busque y aferrados a sacarlos de ahí de la Sedena, pero no, pues nos trataban muy mal.

A los cinco días soltaron a Alejandro Kabata, es de los que ahora están protestando allá en [la Ciudad de] México. A los cinco días lo soltaron, pero fueron y lo tiraron allá, en los barrancos que están en la entrada a Juárez, muy golpeado. Total, que también él nos avisó luego luego. Él vino. Pensaba que mi hijo estaba en libertad, que también lo habían dejado en libertad. Nada, que le vamos diciendo: "No, pos cuál libertad, si no aparece por ningún lado".

Y de ahí fue un peregrinar, yo con la plena seguridad de que lo había detenido la Sedena, yo aferrado a sacarlo de ahí. Pensaba yo: lo traerán trabajando, se lo llevarían a otra ciudad, se lo llevarían a otro campo militar, qué sé yo, un montón de cosas.

Pero de ahí para acá fue un peregrinar, desde esas fechas, amanecían ejecutados en distintas partes de la ciudad y ahí voy yo a la Fiscalía del estado a ver, a que me enseñaran. Pensaba: a lo mejor sí lo tienen y lo matan y van y lo tiran donde quiera. Duré ocho años yendo. Cada sábado me veía usted en la Fiscalía del estado Zona Norte, cada ocho días los sábados, de dos a tres de la tarde, ahí estaba. Iba y veía ahora qué me enseñaban. Nos quedábamos en el Sistema de Ingreso y Egreso de Cadáveres. Ahí nos quedábamos, por decir, el sábado, y al otro sábado íbamos y empezábamos de nuevo ese número.

Entonces no era bromoso, ni gravoso, que me dieran esa información. Me la estuvieron dando en la Fiscalía todo el tiempo. Pero resulta que búsquelo y búsquelo por ocho años y nada.

Di con el Centro de Derechos Humanos Paso del Norte, gracias a una llamada. Así como está usted aquí, así vino una periodista de Europa, Hanna Estranch. Me acuerdo muy bien del nombre porque nos acompañó muy bien, no se le entendía el español, pero ella vino, y en ese tiempo pusieron un módulo para quejas de la Sedena y de la Policía Federal, que eran las que cometían todo lo malo. Entonces pusieron un módulo aquí en Juárez. Ya puse la queja, fue la cuarta queja que se presentó en ese módulo. Una queja, pero ni papel membretado, ni la firmó nadie, ningún funcionario.

En ese tiempo era el político Javier González Mocken, que andaba peleando la presidencia municipal, al que pusieron en ese módulo. ¿De qué me servía a mí un papel escrito? Está anexado, se rieron en México cuando vieron: "Esto qué, quién lo hizo". Yo les dije: "Pues el que pusieron ahí, un licenciado".

Él le proporcionó mi teléfono a esa periodista, entonces me habló, así como usted me habló, me habló la periodista, que si podía recibir a una persona a nombre de ella, para darle información y sí, vinieron y estuvimos platicando. Entonces le dije: "¿De qué nos sirve a nosotros que esta publicación vaya a salir?". Ella trabaja para un periódico extranjero. Entonces le dije: "¿De qué nos sirve a nosotros?". "Va a ver, que de algo puede servir", nos dijo.

Ella fue y lo publicó allá y de allá se supo en todo Estados Unidos y luego ya, me hablaron un día, me hablaron de una organización [no gubernamental], y me dieron el teléfono del Centro Derechos Humanos Paso del Norte. Me dijeron: "Vaya ahí, lo van a ayudar, ahí lo van a orientar, ahí le van a echar la mano en lo que se pueda".

Apenas colgué cuando sonó el teléfono, es que esa misma persona les habló a Paso del Norte. Entonces me hablaron de Paso del Norte: "Oiga, que usted así y así". "Pues sí. venga con nosotros". Y de ahí pos ya. Cuando menos, en 2016 me empezaron a echar la mano los de ese grupo de defensa de derechos humanos.

Un día se llevó a cabo una reunión en Saltillo. Ahí presidían la reunión senadores y senadoras y el gobernador del estado. Ahí me llevaron a mí, yo sin un papel escrito, sin nada, yo no llevaba nada. Y me alinearon a mí en la primera fila, al frente del estrado donde estaban hablando todos.

Entonces me hablaron, me tocó a mí el turno al habla y yo pensé: "¿Yo qué voy a decir si no tengo escrito?". Pues voy a decirles con mis palabras, ignorantemente, pero con mis palabras. Y pues me desaté ahí, saludé como debiera de ser a todos los presentes. Y nada, que voy volteando y viendo que era todo el salón, llenísimo, y pensé: me voy a volver loco aquí delante de tanta gente, y empecé con mi relato. Les dije a los senadores, a las senadoras: "Ustedes dirán: qué vengo yo a hacer sin un papel en la mano. No traigo nada escrito en un papel, porque lo traigo en el corazón y en mi mente. Y empecé. Esto, esto y esto nos sucedió, ahorita estoy aquí porque están ustedes presentes como representantes del señor presidente de la República. Ojalá y ustedes sean portavoces de mi dolor, de mi pena, de mi sufrimiento y de la verdad que estoy diciendo, de que la Sedena detuvo a mi hijo. ¿Dónde lo tienen? ¿Dónde lo dejaron? Y les dije tanto, apuradísimo yo, porque pensaba: son siete minutos. Nada, ¿qué cree? Que me dejaron seguir hablando.

Me interrumpía mucho la gente, los de las gradas gritaban: "¡Bravo! ¡Así se habla! ¡Ellos fueron! ¡Perros! ¡Asesinos!". Así gritaba la gente. Entonces yo veía el reloj, pensaba: "Ya es hora de que me paren a mí el alto". Pero en ningún momento me dijeron nada, sino hasta que les dije yo: "Muchas gracias porque me aguantaron más del tiempo que estaban concediendo a la demás gente, gracias".

Una senadora vino y se despidió de mí de abrazo, se soltó llorando nomás de ver el relato que les hice, se soltó llorando, se estremeció. Fueron dos, pero una más que la otra. Ya de ahí yo no sé si eso sirvió porque les dije que fueran portavoces de mi parte, que le dijeran al señor presidente, Peña Nieto, que le dijeran de mi caso.

A raíz de eso, yo pienso, no estoy seguro, a los poquitos días me habló aquí a la casa una licenciada de nombre Delma Román, me hablaba de la PGR, que si nos podíamos ver a tales horas. "Claro que sí", y fui. Para no hacérsela tan larga, ella fue la que vino a decirnos dónde estaban los restos de mi hijo. ¿Dónde cree que los tenían? En el Semefo de aquí, de Ciudad Juárez. El día 26 de febrero de 2009 lo asesinaron, el 27, si usted quiere, y el día 4 de octubre del mismo año sacaron los restos de donde los habían semienterrado, ya la pura osamenta, y los tenían en el Semefo, guardados en una caja blanca, así, de este ancho, de este tamaño, acomodaditos todos los huesitos de mijo.

Esa licenciada me dijo: "Ahí están". A nosotros nos hicieron la prueba el día 2 o 3 de marzo, la prueba de ADN, en el Semefo. Mandaron las muestras a Washington, a unos laboratorios que hay, muy famosos, y de allá se confirmó que sí era nuestro hijo. ¿Por qué tenían los restos de mi hijo ahí? ¿Cuándo me los pensaban entregar? Han de ver dicho: que pase el tiempo, este viejo se morirá o se vuelve loco y ya se van los restos a la fosa común.

¿Cuánto tiempo pasa desde el momento en que su hijo desaparece al momento en que usted tiene la notificación de que los restos humanos están en el Semefo?

Fue en 2009 y hasta el 2016. Siete años, casi ocho años, fueron de que duramos en esa incertidumbre, como locos. No nos hemos vuelto locos porque Dios nos ha ayudado, pero poco nos ha faltado.

¿Se estableció causa de muerte?

Sí. Tenía un disparo en la cabeza.

¿Sabe dónde se recuperó el cuerpo?

Lo dejaron en un ranchito que está retirado de la carretera. En esa brecha, por ahí, no sé exactamente dónde, pero en esa brecha ahí fue donde lo descubrieron los de la Fiscalía del estado. ¿Por qué no me dijeron "Aquí están los restos de su hijo" con el ADN que tenían de nosotros? Pero dejarme casi ocho años sufriendo así, a vueltas y vueltas.

¿Cómo califica usted la actuación de las autoridades, qué han hecho en relación con el caso de su hijo?

Hasta ahorita podría decirle que nada, porque justicia no nos han hecho. Justicia no nos han hecho.

Hay declaraciones de militares, citaron a varios a declarar, pero todos declaran puras incoherencias, como si estuvieran borrachos. Declaran que sí, que sí detuvieron a Ramiro Unzueta, pero que lo detuvieron, haga de cuenta que dan las calles de otro fraccionamiento de donde lo detuvieron y nada verídico. Luego, ya ahorita pasaron 12 años. ¿Quién sabe cuántos militares de ellos habrán salido?

Al licenciado que tenía el caso en la Séptima Agencia Investigadora, el licenciado José Ibarra Limón, a ese lo siguieron desde la PGR. Llegó a su casa, ahí le tocaron a la puerta y ahí lo ejecutaron. Y se suponía que él era el que llevaba muy avanzado el caso de nosotros.

La gente que vio, los vecinos que vieron quiénes tocaron a la puerta y lo mataron, dicen que eran de aspecto militar, pero vestidos de civil, usted sabe, el corte de pelo. Luego se subieron a un auto particular, sin placas, y se fueron. Pero se presupone que fue el Ejército el que lo liquidó al licenciado Ibarra Limón.

¿Considera que hay alguna omisión en la actuación de las autoridades?

Lo que considero es que están muy lentos, muy lentos. No se ven avances. Lo único que queremos es que se nos haga justicia. Yo le dije a los abogados de México: “Quiero justicia, porque la justicia para los jodidos no existe”. “No, sí, sí. Mire que todo eso es paso a pasito”, me respondieron.

¿Qué afectaciones han tenido a raíz de lo que le pasó a su hijo?

Tuvimos puros problemas de salud. A mí ya se me reventaba la vesícula y me la tuvieron que operar. Me ayudaron mucho donde trabajaba. Cada rato pedía permiso porque tenía que ir a audiencias o algo, y después se me vino otro problema más fuerte: me encontraron un cáncer de mama, ya tuve que dejar de trabajar, ya no trabajo, de la operación de cáncer de mama me quedó este brazo mal, nomás así lo muevo, no puedo levantar nada pesado y ahorita estamos viviendo de la pensioncita de los dos. Ella trabajaba en una casa hogar manejada por puras monjitas, y se pensionó también y de eso estamos viviendo, de la pensión de los dos.

¿Afectaciones emocionales que hayan sufrido ustedes a partir de lo que sucedió con su hijo?
Muy fuertes, muy fuertes. Hay días que me baja la moral de a tiro por los suelos, hay días que ando peor de lo que es costumbre. Dicen que el tiempo lo cura todo, mienten, una falacia quien diga eso, es una vil mentira, que el tiempo lo cura todo. Esto de nosotros parece que, entre más tiempo pasa, estamos peor.

¿Se hace más grande el sufrimiento?
Sí, cómo no. Ahora se juntan a veces los muchachos, mis hijos, mis nietos, tengo nietos casados, tenemos un bisnieto. Se juntan todos y digo: "Me debe de dar gusto que estén mis hijos". Me da gusto que estén todos aquí, echando charas y echando relajo, pero la espinita la traigo clavada. Podría estar mi hijo también y no. Y así están ellos también, no crea, mis hijos sufriendo, sufriendo mucho.

Hay veces que vamos al panteón, van ellos o vamos nosotros. El otro día me habló uno de ellos, me dijo: "Me voy a platicar con Víctor". Y sí, ya cuando vino, entró aquí, estaba yo sentado ahí y nos abrazamos los dos, a llorar nomás.

Gerardo Baca Portillo falleció el 3 de diciembre de 2021, dos meses después de conceder esta entrevista.

ENTREVISTA A LOURDES HERNÁNDEZ, MAMÁ DE PAMELA LETICIA PORTILLO HERNÁNDEZ, DESAPARECIDA POR POLICÍAS DEL ESTADO Y MILITARES, EN 2010

Mi nombre es Lourdes Hernández y soy mamá de Pamela Leticia Portillo Hernández, joven de 23 años desaparecida el 25 de julio de 2010 a manos de policías o militares. En el lugar estaban las dos unidades de policía y militares, pero no se sabe, unos y otros dicen que no se los llevaron ellos, pero los dos estaban.

¿Cómo suceden los hechos?

El 24 de julio habíamos estado juntas ella y yo durante la mañana. Ese día era mi cumpleaños y ya por la tarde ella salió a pasear con unas amigas y recuerdo que estaba lloviendo, llovía mucho. Ese día le llamé, unas cinco o seis veces, era un sábado. Yo estaba con unas compañeras de trabajo e, inclusive, me dijeron: "Es que le llamas demasiadas veces". Pero es que estaba lloviendo y estaba preocupada porque se podía mojar. Mi preocupación era que se mojara.

No sabía que a lo mejor era otra mi preocupación, mi presentimiento. Le llamé varias veces para ver cómo estaba, todo iba bien. Por la noche, la última llamada que le hice fue a las 23:00 horas y ella me dijo que estaba bien, que se divertía y que a eso de la medianoche regresaba a casa. Ella estaba en un cantabar en las calles Juárez y Pacheco, aquí en la ciudad de Chihuahua.

Yo dejo de hablar con ella a las 23:00 horas, pero a las 2:00 me llama mi hermana, porque mi hija tiene dos niñas, en ese momento tenían 4 y 6 años. Las había dejado con mi hermana a que las cuidara. Ella las recogería a la medianoche y se iba a su departamento.

Me llama mi hermana y me dice que Pamela le habló para decirle que ya iba para la casa a recoger a las niñas pero nunca llegó, y del lugar que le habla mi hija a mi hermana es una distancia que se recorre en tan solo diez minutos, vivimos muy cerca. Cuando mi hermana ve que pasa media hora, intenta llamarle y mi hija tiene apagado el teléfono celular. Es cuando me llama y me dice que se le hace muy raro que lo tenga apagado y que le acababa de llamar hacía media hora, que ya iba para la casa por las niñas. Es entonces cuando salgo a buscarla.

¿De madrugada?

Sí. A mí se me hizo raro porque no es algo que ella hiciera. Ella llamaba: "Ya voy por las niñas", e inmediatamente llegaba y se las llevaba. No salía mucho, porque las niñas estaban chiquitas y requerían de cuidados. Ella no era de que saliera cada fin de semana. Cada tres semanas salía un rato con sus amigas. Por eso salí inmediatamente a buscarla. Era raro que hiciera eso.

¿Iba acompañada de alguien?

Sí. Ella sale del bar acompañada de tres amigas y de tres militares, según las chicas. Pasa que yo empiezo a buscarla y no la encuentro. Cuando ya se hacen las 5:00 horas, empiezo a llamar a la policía para ver qué es lo que puedo hacer. Entonces encontramos el auto de mi hija con las luces encendidas y las puertas abiertas, en la calle Samaniego y Pacheco, a una cuadra de un semáforo que está en Calvo y Pacheco.

Ahí es donde encontramos el auto y llamo a la policía para que vayan a ver. Me dicen que van a ir a ver qué pasó. Llegan a las 7:00 horas y apenas pasa una unidad de policía y yo la paró y le digo que estoy esperando, que mi hija desapareció, que su auto está ahí con todas sus pertenencias, excepto ella y su credencial de elector, porque estaba la licencia tirada en el piso, pero la credencial de elector no. Entonces es cuando me dice un policía: "No hay reporte, nada, vaya y repórtela a la Procuraduría del estado". Es cuando me dirijo a la Procuraduría y estoy poniendo la denuncia cuando me llama mi hermano, que se había quedado junto al auto, y nos dice: "Se llenó de militares aquí y dicen que Pamela secuestró a un militar".

Entonces le digo: "¿Cómo?, si Pamela no aparece". Entonces dice: "Ahí van a ir a poner la denuncia ellos, a la Procuraduría, de que Pamela tiene secuestrado a un militar". Cuando llegan para poner el reporte, los militares dicen otra versión, que secuestraron a Pamela y al militar. Envían una unidad de militares a deshacer el departamento de mi hija, como sospechosa para ellos, sin ninguna orden de cateo ni nada. Pero como no estábamos nosotros, entraron a la fuerza, abrieron el departamento de mi hija. Creo que ellos tenían la credencial de elector de mi hija porque, si no, ¿cómo dieron con la dirección de mi hija? Ahí empieza todo, ahí empieza.

¿Entonces, es la familia quien encuentra el auto abierto y con todas las pertenencias, en la bolsa, el celular de ella?
Todo, laptop, todo, porque ella estudiaba en el CBTIS. Todo está, no sacaron nada excepto a Pamela y la credencial de elector.

¿Cómo se llama el militar con el que la vinculan al momento de la desaparición?
El militar que también está desaparecido se llama Juan Alberto Bautista Ojeda.

¿Qué sucede con las otras personas que acompañaban a su hija y al militar?
Ella me había dicho que andaba con sus compañeras de trabajo. Ellas no eran sus amigas habituales, sino que estas niñas eran nuevas com-

pañeras de trabajo. Cuando va mi hermana a buscarlas, atrás de ella llegan militares. Como que estaban pendientes de los movimientos de nosotros porque llega mi hermana a buscar a las chicas y llegan dos militares a evitar que hable con ellas. Luego, ellas piden una protección de que nosotros no nos acerquemos. Tuvimos una restricción para no acercarnos a las chicas y creemos que lo arreglaron los militares.

¿Sabe quiénes son los responsables de la sustracción de su hija y del militar?

Los militares decían que fue policía del estado, lo que era la Cipol. Que había llegado una unidad de policía y se los había llevado. Pero en ese momento, cuando se los llevaron, también estaban militares, porque hay un video de cámaras de seguridad donde se ve que llegan militares. Se ve pasar a una unidad de policía, se para atrás del auto de mi hija y se ve que luego ahí se paran militares. O sea, no se supo quién de los dos, pero los dos estuvieron en ese mismo lugar donde estaba el auto de mi hija.

¿Hay números de unidades?

No, la camioneta que llegó ahí, que era de policía del estado, tenía tapados los números y quitadas las placas. Los números están tapados con una hoja o algo así, un cartón blanco. Luego, se ve claramente que militares llegan al lugar y hacen un disparo hacia el aire, se ve claramente, pero nada más eso y se ven vehículos, se ve una Dakota, se ve una Jeep, o sea, vehículos de reciente modelo, pero tienen estrobos. Podrían ser también ministeriales. Además, se ve en el lugar que las personas se mueven, se mueven de una forma táctica y se ven uniformes de color caqui.

¿Los vehículos militares estaban identificados como oficiales?

Sí, manejaba un teniente de inteligencia de apellidos Rodríguez Correa. Lo supe porque empezamos a investigar. Yo estuve yendo a la

Quinta Zona para preguntar. Cuando se entrevista a las tres chicas que estaban con mi hija, mencionan que estaban con militares conocidos de una de ellas. Estaban con Juan Alberto Bautista, que es el que desaparece; estaban con Jorge Solorio, otro militar de apellido Tobón y un cuarto militar que ninguna de las tres supo cómo se llamaba. Lo curioso es que siempre dijeron lo mismo, como si el discurso hubiera sido preparado. Desde ahí empecé a preguntar cuál era la unidad que llega de los militares. Batallé, pero me dijeron el nombre del capitán que llegó en ese momento y que se ve en el video.

¿En el video se ve cuando hacen contacto con su hija y con el militar desaparecido?
No se ve el contacto, no se ve el momento de la sustracción, se ve todo un movimiento, pero no se ve cuando se los están llevando. La cámara estaba a unos 300 metros del lugar donde suceden los hechos. No da caras, se ve de muy lejos, pero sí se ve que la unidad de Cipol trae tapado el número.

¿Usted interpuso una denuncia a raíz de esto?
Sí, en contra de militares y en contra de policías del estado, el día 25 de julio de 2010 a las 9:00 horas.

¿Qué resultados ha habido a partir de esa denuncia?
Nada. En el estado siempre tuvieron miedo a los militares. Recuerdo que el primer agente del Ministerio Público que agarró el caso me dijo: "Yo le voy a traer a su hija". Así me lo dijo y a los cuatro días lo asesinaron. Con el segundo agente del Ministerio Público que estuvo al frente del caso pasó lo mismo: lo mataron. A partir de ahí, el siguiente que estuvo siempre me estaba pidiendo a gritos que solicitara otro ministerial. Él no hacía absolutamente nada, nada, creo que por miedo.

¿Cómo califica el trabajo de las autoridades en la investigación? ¿Han habido omisiones, negligencias? ¿Hay avances?

Absolutamente nada, ni avances. Omisiones sí, desde un principio tuvieron miedo, los ministeriales siempre me dijeron: “Es que no nos podemos poner a las patadas con los militares”. En esos días, hubo así como una guerra entre policías y militares porque ellos supuestamente querían recuperar al militar que está desaparecido, a Bautista, pero no hicieron nada. Los militares se llevaron al batallón a algunos policías estatales, pero la procuradora Patricia Martínez fue por ellos al batallón y los regresó. Después hubo varios asesinatos de policías del estado y de militares.

¿Existen irregularidades en las investigaciones?

Demasiadas. Siempre he llevado informaciones importantes y no las toman en cuenta. Por ejemplo, antes había un chat que le decían Messenger, o algo así. En aquel entonces, en el Messenger de mi hija aparece el mensaje “Estoy bien”. Eso es todo lo que aparece y yo pedí que se sacara la información de ese mensaje, pero, en vez de hacerlo, borraron todo el Messenger. No pude recuperar ese mensaje.

Cuando abro para ver el chat de mi hija se ve que dice eso y me empiezan a llamar amigas de la escuela de Pamela, me empiezan a llamar cuando ven eso. Fue en febrero del siguiente año. Entonces voy a la Fiscalía y pido que me ayuden a buscar la IP de donde salió ese mensaje y lo borraron, quitaron el Messenger. No lo pude volver a abrir. Busqué la clave en las cosas de mi hija y la encontré. Lo abrí y luego me voy a la Fiscalía. Cuando les entrego la clave para abrir la cuenta de Messenger de mi hija, ellos lo borran.

También tuve la información de otra persona que trabajó por el lado de la sierra. Ella se dio cuenta que en la parte de atrás de unos vehículos llevaban jovencitas y yo llevé toda la información y no. Pensé que nos íbamos a ir inmediatamente a buscar ese rancho y me dicen: “No podemos salir hasta mañana”. Entonces me desespero, me voy en la tarde de ese día a buscar cómo llegar a ese rancho y me choca una camioneta por atrás. Yo traía un Tsuru. La camioneta me choca y me dicen los ministeriales que tengo que regresar, que no puedo llegar hasta ese rancho. Al siguiente me dicen que en la mañana van ellos, pero en la mañana llegamos al rancho y estaba vacío. No había gente pero se notaba que se acababan de ir porque había alimentos recientes.

¿Ha sido amenazada por su labor de búsqueda?

Traje escolta un poquito de tiempo. ¿Recuerdan a Marisela Escobedo, la señora que matan en Palacio de Gobierno [tras exigir justicia por el feminicidio de su hija Rubí Marisol Frayre Escobedo]? Ese día, por la tarde, ella trató de localizarme. Yo no traía mi teléfono, lo había dejado en mi casa y ella trató de localizarme desde temprano. Le llama también a Norma Ledezma [mamá de Paloma Escobar Ledezma, también víctima de feminicidio] para pedirle mi teléfono, pero yo había dejado sin querer el teléfono en mi casa. Eso pasa como a las 17:00 horas.

Regreso a mi casa en la noche y cuando estoy en mi casa llegan, ya como a las 21:00 horas, llegan a mi casa policías del estado, pero de forma muy exagerada. Inclusive se sube uno a la azotea. Nosotros estábamos adentro, mi hijo y yo, viendo la tele. Escuchamos pisadas en la azotea y tocan fuerte. Cuando me asomo veo mucha gente y me dicen: "Venimos por usted porque acaban de matar a Marisela". Me dicen que Marisela había dicho que la habían amenazado a ella y que le habían dicho: "A ti y a la señora Lourdes, si no se aquietan van a estar frías para la noche". Algo así le dijeron y a ella la mataron a las 20:00 horas y por eso van por mí. No sé si es cierto porque eso es lo que me dicen ellos y me ponen en una casa de seguridad dos meses y después me ponen escoltas. Ya habían sucedido muchas amenazas y no quise escolta. Les pedí que me dejaran tranquila, sola. Yo me las arreglaba sola.

¿Considera que las autoridades han hecho lo suficiente para dar con su hija viva o muerta?
No, ellos no han hecho nada. Todo lo que hay en el expediente es porque yo lo he hecho. Ellos llevan un expediente de seis tomos. Pero únicamente van y preguntan a hospitales, van y preguntan a la central, pero son puras diligencias de trámite, no hay investigación.

De hecho, hay un audio de WhatsApp donde un militar dice que mi hija está tirada en el cerro del Coronel, que ahí la tiraron. El cerro del Coronel queda a cien metros del lugar donde sucedió el evento y dicen que ahí está mi hija. Yo les muestro el audio a las autoridades para que se haga un rastreo en el cerro del Coronel. Eso sucede en 2014. Quiero que sepa que tiene seis meses que autorizaron el rastreo. O sea: desde 2014 yo llevé el audio y apenas en 2021...

Es muy difícil, a veces frustrante. A veces pienso que ya tengo información buena y no ha servido de nada. Ha sido muy difícil. Está la carpeta también en la Ciudad de México y hay que viajar. Y voy sola cada vez que tengo que ir a hacer la revisión del expediente, pero no hacen nada. Veo que tanto la autoridad federal como la estatal no han hecho nada, nomás me tratan bien. Nunca he recibido malos tratos, pero no me sirve eso, a mí no me sirve que me traten bien, me sirve que trabajen.

¿Cómo cambió su vida a raíz de lo que le sucedió a Pamela?
Digamos unos 180 grados, porque perdí trabajo, perdí familia. Se pierde todo, todo. Perdí mi trabajo en noviembre de 2010. Ella desapareció en junio pero yo iba a trabajar. Luego, de repente, lo que quería era encontrar a mi hija. Entonces no trabajaba. Para las empresas, somos un número, no somos personas. Sí, me indemnizaron, pero ya no pude trabajar. Entonces cambió todo, cambió mi vida. Ya no tenía la solvencia económica que tenía anteriormente y entré en una depresión que me duró dos años.

¿A qué se dedicaba Pamela?

Estudiaba y trabajaba. Estudiaba y trabajaba y luego las niñas. Por eso le ayudábamos mi hermana y yo con las niñas porque, como estudiaba en el CBTIS y trabajaba también, le ayudábamos con las niñas. Ella era buena hija, bonita, y creo que no he recibido un regalo después del último que me dio.

¿Qué fue lo que le dio?

Ella sabía que me gustan mucho los muñecos de peluche. Recuerdo que me dijo: "¿Qué quieres que te regale?". Le dije: "Quiero un perro que quepa en mi cama". Ella dijo: "Como tienes una cama individual, te traigo este perro". Fue el último regalo que recibí de ella.

Era bien divertida, le gustaban mucho las bromas, siempre estaba bromeando, siempre estaba poniendo sobrenombres. Era bien trabajadora, bien estricta con las niñas. Creo que nosotros las hemos consentido por la falta de su mamá, pero ella era estricta con las niñas. Las niñas la recuerdan así: estricta y muy linda. Ahora tienen 16 y 18 años.

¿Tiene miedo?

El miedo que siempre he tenido es no saber, morirme sin saber de mi hija. Ese es mi peor miedo.

ENTREVISTA A GABRIEL ECHEVERRÍA HUERTA, PAPÁ DE GABRIEL ECHEVERRÍA DE JESÚS, DE 19 AÑOS, ASESINADO POR POLICÍAS MINISTERIALES DE GUERRERO, EN 2011

Cuando fueron los hechos, el 12 de diciembre de 2011, andaba en la Procuraduría. Andábamos arreglando unos papeles, merito a las 12:00 horas, cuando se escucharon balazos, como una ráfaga, y salen los policías. Primero salió la camioneta blanca donde iban los ministeriales, el Matadamas y el otro, no recuerdo cómo se llamaba, Rey David. Y enseguida salieron los policías [preventivos], y se sube una mujer y le dicen: "¿Y tú que vas a hacer sin arma? Tráete el arma". Y ya, le avientan el cuerno de chivo. Y así es que se fueron y, detrás de los preventivos, salió otra camioneta. Ahí empezaron: tas-tas-tas-tas.

Regresa una de las camionetas llena de normalistas. Vi que los agarraron como leña, así los aventaban de arriba hasta abajo, maniatados. Y abajo les daban con la culata del rifle y patadas. Y yo, al ver eso, pues estaba cerquita, casi al pie de la camioneta, yo pensando: "Dios, no vaya a venir él".

Yo me fui sobre uno de los policías cuando vi que a uno de los normalistas le pegaron por aquí, le voltearon la cara, lo sangró. Le digo: "Oiga, ustedes son cobardes, así no se hace, vienen desarmados, por qué les hacen eso". Me dice: "¿Y tú qué tienes que ver con estos?". Le digo: "Porque aquí anda mi hijo y yo voy a ver si es él". Y sale un agente y me dice: "¿Qué cosa quieres?". Le digo: "Quiero ver si traen a mi hijo". Y ese agente les dice a los otros: "Descúbranlos". Y no, no venía mi hijo.

Les digo a los policías: "Eso es falta de ser hombres. Aprovechados son, cobardes". Y se enojaron. Me agarran y me refunden a un cuarto. Y yo me salgo. Y ya, cuando viene la otra camioneta, llena también de normalistas, igual, los estuvieron golpeando. Y grita uno, uno de los policías: "Cuidado, son sicarios". Y yo me les arrimo de nuevo y le digo a ese policía: "¿Son los sicarios?" "Sí", dice, "son los sicarios".

Le digo: "Si esos muchachos fueran sicarios, ustedes estarían escondidos en el último rincón del edificio porque a ustedes se les hace así con los sicarios". Sí, me quisieron golpear, pero no. Nomás intentaron. Al rato, cuando llega otra camioneta de la policía, creo que ya traían ahí a los difuntos. Dicen: "Hubo muertos, hubo dos".

Empecé otra vez a sentirme mal y me voy ahí donde están las cruces [lugar del operativo policiaco]. Ahí me paré, había policías, una cadena de policías. Por el lado de la carretera igual. Por el lado de la gasolinera habían puesto una fila de granadas conectadas. Yo vi todo eso. Y vi la sangre cómo corrió. Sentí yo que... Así es que me dice un policía: "¿A dónde vas?". Le digo: "Voy a ver dónde cayó mi hijo". "No vayas", dice, "porque te puede tronar una granada, te vas a morir". Le digo: "No, tú te vas a morir, hijo de la chingada. Si truena la granada nos vamos a morir todos aquí".

Y me habló otro: "Regrésese". Me dice un licenciado: "Regrésate, hay peligro". Le digo: "Voy a agarrar la granada y se las voy a aventar". Así pensé. Pero no. Me regresé. "Vámonos al Semefo", les digo a los que me acompañaban. "Sí, vámonos". Como hora y media tardamos ahí. Me dicen: "Pues sí vas a pasar, pero no ahorita". Cuando me dijeron así me fui para adentro, hasta que me alcanzaron dos judiciales y me dicen: "¿A dónde vas?". Les digo: "Voy a reconocer los cuerpos". "¿Qué les vas a ver?", me dicen. Les digo: "Voy a ver si ya se los acabaron de tragar, hijos de la jodida, a eso voy, a ver si ya se los acabaron de comer". Me dejaron pasar.

Llegué. Todavía tenía su mochila, su playera, y de aquí, la carne de este brazo, le estaba colgando, le colgaban los pedazos de carne, una tira de carne de aquí. Le quité la playera.

En el Semefo me prestaron un cuchillo para cortar las cintas de la mochila. Se las corté, lo empecé a revisar, le metí el dedo aquí, acá... Fueron tres balazos, estaba bien deshecho. Y ya fue que me sacaron otros policías.

Me salí a la sala de espera y de ahí nos fuimos al Ministerio Público, a reclamarlo, y ahí nos dicen que no podían. “Es que no hay labores”, me dicen, porque era el 12 de diciembre. Me esperé ahí y como a las ocho de la noche vi salir al encargado del Ministerio Público, así, borracho, agarrado de la puerta. Le pido el cuerpo de mi hijo y me dice: “Sí, pero no tengo órdenes de entregar los cuerpos”. Ahí lo maltraté. Le digo: “Un funcionario debe de andar en su juicio, no así como está”. Ya hasta se iba a caer, horrible.

“Ahorita voy a llamar a los normalistas, vamos a regresar a hacer la fiesta con ustedes”, le digo. Dice: “No, espérate”. Habló al Semefo y nos fuimos a reclamarlo. Cuando llegamos, no hay quién lo prepare. Lo tenían en la plancha, bien desnudo, y el guardia sentado. Le digo: “Oiga, lo están exhibiendo a él o qué cosa pasa, a qué hora lo van a preparar”. Dice: “Ya ahorita, váyase para allá”. Así estuve hasta la 1:00 horas, cuando vi que lo rajaron de aquí. Lo abrieron. Les digo: “De a tiro, ya es muy noche, desde cuándo fueron los hechos, a las 12:00 horas, para la hora que vamos”. Me dicen: “Ya sálgase. Ahorita vamos, ahorita ya se lo vamos a entregar”. Les digo: “Para la otra que venga, ya no voy a responder”.

Me sacaron y luego salió uno y me dice: “¿En qué carroza se lo va a llevar?”. “Yo no sé”, le digo, “ustedes me lo van a entregar y yo no sé”.

Fue a las 2:00 horas cuando me lo entregaron. Nomás nos venimos el chofer de la carroza y yo. Ya por acá, por el camino, en las curvas, me dice el chofer: “Oiga, le voy a decir algo. Pero no me va a hacer nada, ¿verdad?”. Le digo: “Por qué te voy a hacer algo”. No”, dice, “le voy a decir algo: a su hijo y al otro los iban a desaparecer, ya los iban a echar a la fosa. Nomás porque llegaron ustedes, si no, los hubieran echado y ya no iba a haber muertos. Eso es lo que iban a hacer con ellos". "El judicial Rey David", me dice el chofer. "Ya tirado ahí, lo pateó, se subió arriba de él, brincó arriba de él".

Entonces ya. Algún día se lo va a llevar, porque el que a hierro mata a hierro muere. Le digo al chofer: "Yo no tengo nada que reclamarte, al contrario, estoy agradecido que me dijiste eso porque yo no sabía qué era lo que pasaba, por qué no me lo entregaban". "Por eso", dice, "los iban a desaparecer para que no hubiera evidencias. Nada más iba a haber heridos, pero no muertos".

Sí. Ya llegamos aquí. Y ya de ahí fíjese que ya llevamos diez años y hasta la vez no sabemos quién es el responsable y quién es el mero culpable que ordenó.

Los judiciales Rey David y Matadamas los metieron a los separos. Los llevaron y ahí estaba un muchacho que yo iba a ver, él oyó todo. Oyó que le habla su mujer a Rey David y él le dijo: "Aquí estamos. Es que matamos a unos pendejos, pero ya vamos a salir". Así habló por teléfono.

ENTREVISTA A ELIA TAMAYO MONTES, MAMÁ DE JOSÉ LUIS ALBERTO TEHUATLIE TAMAYO, DE 13 AÑOS, ASESINADO POR LA POLICÍA DE PUEBLA, EN 2014

Soy Elia Tamayo Montes. Estudié hasta tercer año de primaria, tengo 44 años. Me dedico a labores de la casa y el campo. Estoy casada por la Iglesia. Tengo cuatro hijas: una de 21, una de 17, una de 15 y la otra de 10 años.

José Luis Alberto Tehuatlie Tamayo, mi hijo, tenía 13 años. Estaba cursando el segundo de secundaria y le gustaba mucho jugar al futbol, salir a los campos, y quería estudiar para ser doctor, salvar vidas, pero... Los recuerdos que tengo es que era un chico muy alegre, era feliz en lo que vivía. Era fuerte y trabajador.

Cuando murió mi hijo pasé momentos difíciles, pero pedí mucho a Dios que me diera las fuerzas para superar todo esto. Y gracias a Dios aquí estoy, de pie, para seguir con sus hermanas.

¿Quisiera contarme cómo fueron los hechos?

El 9 de julio de 2014. Todo fue por el Registro Civil, que lo querían retirar y se hizo esa manifestación. Fue a la salida de la escuela de los niños. En ese momento, José Luis fue el desafortunado que recibió esa bala de goma. Lo tuvimos que llevar al hospital de Cholula, pero ahí no lo pudieron recibir porque no había lo necesario para lo que él necesitaba. Y nos tuvieron que trasladar hasta el hospital del que sigue adelante, el Hospital de la Mujer. Hasta ahí llegamos.

Yo llegué y, en un momento, llegaron los del Gobierno, llegaron a insistir que yo declarara qué es lo que había sucedido. En ese momento yo les decía que a mi hijo lo había lastimado el Gobierno del estado, y ellos decían que no era cierto, que según fueron los de aquí de la población, que le había tocado un cuetón. Yo les decía que no era cierto. Fueron las policías que dispararon a mi hijo.

Yo no me encontraba en condiciones de declarar, pero ellos ahí en el hospital me llevaron hacia un cuarto y en ese momento se aprovecharon de mí cuando me encontraba tan destruida. Mejor me vine para la casa a ver a mis otras hijas. Ya nada más llego me avisaron que él ya no podía más. Cuando nos avisaron, nosotros fuimos, pero él ya no estaba ahí. Tuvimos que ir a Semefo pero nunca nos hicieron caso.

Estuvimos en la Procuraduría toda la noche y regresamos a las 5:00 horas de vuelta y no nos atendían. Hasta las 17:00 horas es cuando nos dejaron verlo. Sí, fue muy duro. Fue un calvario que vivimos.

¿Podría contarme más detalles de cuál era la situación de la población en ese momento? Entiendo que había tomado la carretera.

Así es. En ese momento había mucha gente y muchos granaderos. Fue ahí en el puente, entre las autopistas de Puebla y Atlixco. Nunca habíamos vivido esos momentos, como los aviones también andaban arriba, también no sé qué es lo que aventaban hacia abajo. Fue un momento triste lo que vivimos. Eran muchos policías que se encontraban arriba en el puente, abajo en las dos de Atlixco y de Puebla. Sí, eran muchísimos policías.

Yo como siempre digo: no es posible que querían retirar el Registro Civil que aquí en los pueblos cuánto lo necesitamos. Como yo en ese momento dije: "Nosotros no somos el gobernador Moreno Valle, no tenemos helicópteros para que nos traslademos fácilmente". Nosotros vivimos en un pueblo, en una comunidad, la gente no tiene los recursos suficientes para salir fuera.

Ellos pensaban que al llevar la oficina del Registro Civil a Puebla para nosotros nos iba a ser fácil de ir y no.

No es fácil atendernos, nos tardamos. Si vamos a ir a la ciudad, necesitamos dinero para poder trasladarnos y que nos atiendan, porque si llegamos y no nos atienden, tenemos que regresar otro día. Y no, no nos merecíamos eso que nos retiraran el Registro Civil, pues para ellos es fácil deshacerse de todo eso, pero nosotros no. Por eso es que mis compañeros reclamaban que no era justo lo que nos estaban haciendo. Y todo sucedió por eso. Si el Gobierno no hubiera hecho eso, yo creo que a José Luis no le hubiera pasado nada.

¿Cómo sucedió la agresión policiaca?

Había muchos disparos, muchas personas quedaron lastimadas. Varios heridos quedaron y varia gente quedó lastimada. Fue casi como a las 13:45 horas. José Luis venía regresando de la escuela. Nosotros nos encontramos en el campo, como siempre. Y por ahí teníamos un terrenito y él salía de la escuela y nos pasaba a ver. Sí, ahí sucedió, de ahí ya nos tuvimos que ir para el hospital. Y hasta hoy seguimos sin justicia.

¿Cómo considera que ha sido la actuación de las autoridades responsables al investigar el caso?

¿Se les puede decir responsables? No, son irresponsables. Porque no han puesto cartas en el asunto. Según que estaban viendo que esto va a llevar tiempo, así nos han dicho. Los policías que cometieron esto salieron libres fácilmente y aquí fueron encarcelados varios de acá del pueblo, el presidente auxiliar, mucho tiempo estuvieron encarcelados, mientras los que cometieron esto están libres. Me parece que los detuvieron en agosto y los soltaron, creo, en diciembre. Los meros culpables siguen impunes.

¿Detuvieron a los mandos de los policías?

No. Estoy esperando que ojalá pongan cartas en el asunto y lo que yo siempre he dicho: reclamo justicia para que esto ya no vuelva a suceder y a repetirse porque de veras es un dolor grande vivir esto.

¿Qué sería necesario que pasara para que no volvieran a ocurrir estos hechos?

Castigo a los responsables. Viendo que hay castigo tal vez se [abstengan] de hacer lo que hacen, pero como ven que no hay castigo seguimos en las mismas.

¿Y a nivel más personal, o familiar, o incluso de su comunidad, de qué manera cree que podría, si es que hay una forma, repararse el daño?

Reparar esos daños sería imposible. Yo reclamo justicia, justicia por mí y por todos los hermanos que han perdido un ser querido y no saben dónde encontrarla. De igual manera, todos necesitamos justicia. Yo siempre he pedido mucho a Dios. Nuestros gobernantes se hacen de los oídos sordos, pero Jesús hará su justicia divina.

ENTREVISTA A BLANCA ELENA ROJAS GARCÍA, VIUDA DE HEBER VICENTE COLÍN VALDÉS, ASESINADO POR LA POLICÍA DE MICHOACÁN, EN 2017

Soy Blanca Elena Rojas García, originaria de aquí, de Zitácuaro, Michoacán, esposa de Heber Vicente Colín Valdés, víctima de policías estatales, y hasta la fecha no nos han resuelto nada. Tenemos una queja que pusimos en Derechos Humanos, que hace dos años iban a hacer reparación de daños, pero no se hizo al cien por ciento. Dijeron que nos iban a hacer esa reparación de daño y hacer la demanda contra los dos policías que fueron los que atentaron contra su vida.

¿Qué sucedió?

Esto fue el 21 de marzo del 2017, en Morelia, en la Plaza Las Américas. Es lo que yo supe, fue lo último que él me dijo, que iba a esa plaza. Fue a eso de las 19:30 horas. Él me dijo que cuando regresara a la casa me marcaba, pero nunca más me volvió a marcar. Yo después estuve tratando de comunicarme, chequé su WhatsApp, su última conexión, y nada. Y marcarle y marcarle y nada que me contestaba. El teléfono ya estaba apagado, ya me mandaba a buzón.

Estuve insistiendo toda la noche, toda la madrugada y nada. Pasó el martes. Le seguí intentando, llamando y llamando y nada. El miércoles igual, el jueves igual.

El viernes por la mañana me voy para allá, para Morelia, para averiguar qué onda, qué pasaba con él. Cuando llegué con la persona con la que supuestamente se había ido a trabajar, resulta que no la encuentro. Me dicen las personas que estaban ahí, los empleados, que lo habían detenido, que estaba en la cárcel, pero que no querían dar información a nadie, que a fuerzas tenía que ser a un familiar.

Entonces nos fuimos a pedir informes a la policía. Ahí me dijeron: "¿Fue de lo que pasó ahí en Plaza Las Américas? Esos ya están muertos, uno se aventó de la patrulla". Una policía nos dijo: "¿Saben qué? Si están buscando a los del caso de ahí de las Américas, ellos ya están muertos. Vayan mejor a preguntar ahí al Semefo a ver qué noticias les dan".

Pues sí, cuando nos fuimos al Semefo les di el nombre de mi esposo y todo, y me piden más señas, algo que tuviera para identificarlo. Y sí, desgraciadamente, el que nos enseñaron era él. Yo no llevaba ni papeles, ni nada, para poder traerme el cuerpo. Me regresé a Zitácuaro por los papeles y luego otra vez a Morelia para traernos el cuerpo.

La gente me decía: "Había policías", o sea, que había mucho que averiguar en este caso, pero lo que nosotros no queríamos era tener una represalia, que nos llegara a pasar algo a nosotros. Su mamá dijo que no quería problemas, que si supiera que así le iban a regresar a su hijo a lo mejor demandaba, pero como no era así, no quería problemas. Fue hasta después que metimos la queja a Derechos Humanos, ya más tranquilos, porque queremos seguir con el pleito para que no se quede sin castigo. Creo que las personas que matan a la gente están muy quitadas de la pena por todos lados. ¿Ellos qué? El daño se lo hacen a uno.

En Derechos Humanos me dijeron que íbamos a tener apoyo psicológico, que apoyo de no sé qué, que apoyo de no sé cuánto. Me dijeron que iban a ver el modo de poder ayudar a mi niña, porque en ese entonces mi hija tenía 8 años, cosa que tampoco hicieron. Nunca nos ayudaron.

¿La policía reconoció el asesinato?

Dijeron que ahí en la Plaza Las Américas había un grupo delictivo que había querido asaltar una relojería, una joyería, algo así. Según la policía, mi marido traía armas, o sea, que él era el que iba a hacer el robo y no sé qué tanto.

Cuando pasa todo esto yo no le hallé lógica a lo que me dijeron porque se supone que a él lo detuvieron antes de las 20:00 horas del 20 de marzo junto a otra persona y se los llevan de ahí de la Plaza en una patrulla hacia el Ministerio Público, que está a una distancia muy corta, en carro se hacen unos 15 minutos. Pero cuando voy a recoger su cuerpo veo que en el expediente del Semefo dice que falleció el día 21 de marzo a las 0:45 de la madrugada.

Si se supone que los detienen a 20:00 horas del 20 de marzo, y se los tienen que llevar inmediatamente a la Procu, no entiendo qué hicieron entre las 20:00 horas y la madrugada del día siguiente, qué hicieron todo ese tiempo. Yo pienso que todo ese tiempo se los llevaron para torturarlos.

Los policías dicen que se los llevan detenidos y que en el transcurso de la Plaza Las Américas a la Procu él se aventó de la patrulla y que apareció un carro con personas armadas. Así me dijeron, que eran unas personas que iban armadas, que ese carro pasó y lo arrolló y que por eso había muerto.

Además, dijeron que, al aventarse mi marido, la patrulla se frenó de golpe y que el otro detenido sufrió un golpe en la cabeza y que fue por eso que había muerto también.

O sea, yo no le encontré lógica a todo lo que dijeron, nada más que cuando pasan todas las situaciones uno no tiene cabeza para pensar. Lo único que uno quiere es pasar su duelo, su dolor. Ahora pienso, si a él se lo llevaron a las 20:00 horas para un recorrido de 15 minutos, ¿por qué a la 1:00 horas se aventó de la patrulla?

¿Cómo estaba el cuerpo de su esposo y el de la otra víctima?

Nada más vi unas fotos que circulaban en las redes sociales donde los tienen a los dos acostados en la patrulla. Ya estaban muertos. Cuando yo lo veo en la patrulla, él traía una playera puesta, pero en Semefo lo que me entregaron fueron sus botas, su pantalón y nada más. Ya no traía el celular, no traía cartera, nada, no traía ni playera, porque dicen que así estaba, que así lo encontraron, que así lo recogieron. Nunca le encontramos lógica a todo eso.

Su hermana es doctora, y cuando fuimos ella quiso entrar a ver su cuerpo. Él tenía su pierna derecha totalmente zafada, y su brazo derecho dislocado. Usaba *brackets* y tenía todos los *brackets* botados, tenía golpes en la boca. Tenía moretones. Creo que los golpearon, siento que le pegaban en la cabeza porque traía un traumatismo craneoencefálico y en toda la parte de acá traía abierta su cabeza. Me imagino que le pegaron con las armas. Todo lo que es la parte de atrás del cráneo la tenía lastimada. A lo mejor lo torturaron golpeándole en el cuerpo porque traía moretones, eran unos moretones grandes, todo su brazo eran moretones grandísimos, su pierna toda zafada, toda chueca, y todo era tan feo, y de su cara estaba golpeado.

Después de lo que pasó, empezó lo de la pandemia y se paró todo. Pero si Dios nos da licencia vamos a ver qué pasa con la queja que pusimos en Derechos Humanos, más que nada para que no se queden los casos impunes porque los policías están quitados de la pena.

¿Detuvieron a los policías involucrados?

Ellos lo único que tuvieron fue sanción de que los despiden. Y bien quitados de la pena. Ahora me tocó a mí. Imagínese cuántos cristianos no se hayan echado ya. Los que mataron a mi marido están libres, solo los quitaron de su trabajo.

¿A qué se dedicaba su esposo?

Antes de irse para Morelia tenía un taxi. Se dedicó yo creo que la mitad de su vida a ser taxista. Cuando se fue para Morelia tenía 38 años. Ahorita ya fuera a cumplir 43 años. Él se va de aquí porque iba a trabajar allá y le iban a pagar bien y nada más fue a que lo mataran.

¿A qué se dedicaba en Morelia?

Era chofer de un señor. Yo todavía fui a buscar al señor para que me explicara qué había pasado, por qué decían que mi esposo estaba involucrado en un intento de robo, pero no lo encontré. Mi esposo no tenía ni un mes que se había ido para Morelia a trabajar con ese señor.

Ese día él me dijo por teléfono: "Vamos a salir con nuestro patrón, vamos a ir a la plaza". El señor ese iba con su familia a la plaza, al cine, a comer, y no era como otros patrones, que tratan mal a sus trabajadores. Ese señor se llevaba bien con sus empleados. O sea, los trataba bien. Y ese día mi esposo me marcó y me dijo: "Voy a salir, vamos a ir con el patrón, vamos a ir a la plaza".

Ese día, mi esposo estaba con su patrón, pero no sé cómo era el patrón o si se dedicaba a cometer delitos. Yo nunca tuve comunicación con el patrón. Pero creo que mi esposo y yo teníamos toda la confianza del mundo, teníamos 14 años juntos. Quiero pensar que si él hubiera planeado hacer algo malo me lo hubiera dicho, me habría dicho: "Voy a dedicarme a hacer tonterías". Pero no, nunca me dijo algo así. Tenemos una niña que tiene 13 años, es la única niña que tuvo. Mi niña tenía 8 años cuando él falleció.

¿Era buen esposo y buen padre?

Sí era. Le digo que era buena persona, tenía su carácter y todo, pero como papá no puedo decir que era malo. Mi niña era su pilar y su todo.

ENTREVISTA A HÉCTOR GARZA GUTIÉRREZ, PAPÁ DEL ESTUDIANTE UNIVERSITARIO ARTURO GARZA, ASESINADO POR EL EJÉRCITO EN TAMAULIPAS, EN 2020

Soy el ingeniero Héctor Garza Gutiérrez. Nací el 15 de septiembre de 1970. Tengo 51 años. Estoy representando a mi hijo Arturo, que falleció a manos de armas de militares. Mi hijo Arturo fue secuestrado el 28 de junio de 2020, fue secuestrado por personas de la delincuencia organizada, posiblemente en un retén que tenían en una calle.

Una biografía simplificada de mi familia, para que se den cuenta de que mi hijo nunca fue un delincuente. Soy ingeniero, egresé en 1993 del Tecnológico de Nuevo Laredo. Mi familia, mis hijos, eran cuatro. La primera ya egresó del Tecnológico, egresó como ingeniera. Tengo un par de gemelos. De ellos la gemela se recibió de licenciada, Héctor se está recibiendo de ingeniero en logística. A Arturo, el que falleció a manos de militares, le faltaban dos años para concluir la carrera de ingeniero.

Yo soy abstemio, nunca he tomado, nunca he fumado. Mis hijos a mi reflejo, mi similitud: nunca tomaron, nunca fumaron. Desgraciadamente, a mi hijo lo levantaron en la calle. Siempre cargaba su credencial de la universidad. No creo que haya cometido un error grave, y si cometió un error, no sé, por faltas viales o de tránsito, no sé por qué sucedió, por qué lo levantaron estas personas.

El hecho fue que ya lo iba a rescatar. Ya habían hablado conmigo estas personas, ya teníamos pactado el rescate. Era mínimo lo que me estaban pidiendo, era meramente por políticas de ellos, por una investigación que le habían hecho. Me hablaron que ya lo habían investigado para ver si tenía cosas ilícitas y me dijeron que no, que no tenía cosas ilícitas, que era una investigación de rutina, que estaba listo mi hijo. Lo que me estaban pidiendo era un monto mínimo, para qué, no sé. Dijeron que por las investigaciones que ellos llevan, porque mandaron traer gente de Ciudad Victoria, me comentó una de las personas que me habló.

El hecho es que ya estaba el rescate, o sea, ya estábamos en puntos finales para ir a recoger a mi hijo. Desafortunadamente, el 3 de junio, estas personas, sicarios, traían a mi hijo secuestrado en una troca. Se toparon con los militares. Estos militares abren fuego, según repeliendo una agresión.

Pero existe una evidencia concreta, lo que viene siendo un video, de los que manejan ellos. Aparece que ya estando rendidas las personas estas, o ya no habiendo acción de fuego, en el video se escucha que un soldado dice que hay una persona viva entre las que fueron abatidas.

Se oye que piden a "sanidad" para que le den atención médica, para que le den auxilio. Luego, uno de estos militares grita vulgarmente —yo procuro no ser vulgar, pero se van a manejar las palabras vulgares como los militares manejaron—: "Mátalo, a la verga".

Mi hijo tenía un gran futuro, teníamos un alto avance en un gran proyecto que estábamos llevando mis hijos y yo. Yo soy transportista, tengo una pequeña empresa, es pequeña, pero teníamos un proyecto muy bueno. No de riqueza, pero íbamos a ser felices con eso. Me desgarraron, no económicamente, sino como padre de familia.

No tiene sentido una vida en México, o en la frontera de Nuevo Laredo, con este tipo de protocolos que maneja el Gobierno. Vivir en México, o vivir aquí en Nuevo Laredo, que es la frontera, es algo muy lamentable. Muchos dicen que el que nada debe nada teme. Pero aquí no entra ese dicho. Si le sucedió esto a mi hijo, qué le puede suceder a otra persona. O sea, eso es lo lamentable para mí. A mí me desgarraron el corazón estas personas, porque a México y a Dios les estaba formando buenas personas. A México le estaba armando buenas personas para el futuro, pero mira cómo vienen a apagarnos. Cómo vienen a apagarme a mí de esta manera. Estoy completamente deshecho por lo que le hicieron a mi hijo.

Porque, como padre de familia, cuando calculas que tu hijo se descarriló, esperas cualquier cosa mala. Pero yo qué tenía que esperar si estaba formando a mi hijo casi perfecto. Yo estaba esperando trofeos, diplomas, triunfos, pero me lo arrebataron de los brazos, me rompieron el corazón. Yo sé que Dios es el único que me está apoyando, es el que me está dando fuerza, valor y sabiduría para sobrellevar lo que estas personas hicieron conmigo, lo que el Gobierno hizo con mi familia.

Ahora mi proyecto es largarme de aquí, del país, ojalá y me den asilo político en Estados Unidos. Yo sé que sí porque somos gente de bien. En mi familia todos son profesionistas, no le hacemos daño a nadie. Me quiero largar del país por los protocolos que está manejando el Gobierno. Ojalá que estas entrevistas surtan efecto porque lo que le hicieron a mi familia no tiene nombre.

¿Cómo se enteraron de lo que había pasado?

Me hablaron por teléfono el 2 de julio. Vamos a hablar de un día anterior al de los hechos. Recibí una llamada a mi teléfono móvil. Me dijeron: "¿Usted es el papá de Arturo?". Les dije que sí. Me dice: "Mire, el detalle es este: entró su hijo en una investigación, su hijo está limpio, nomás que por políticas o por protocolo que manejamos aquí, usted tiene que pagar un monto mínimo por las investigaciones", y lo acepté rápido. O sea, fue un monto mínimo, no era exagerado, ese monto se podía conseguir ese mismo día, en ese rato. Cuando me piden ese monto yo acepté rápido. Le dije: "Está bueno, yo te lo puedo entregar ahorita si lo quieres, te lo puedo entregar y tú entrégame a mi hijo". Me dijo: "No se puede. Se te va a entregar mañana, vamos a manejar un punto medio donde se te va a entregar a tu hijo. Tú entregas ese dinero y se te entrega".

Yo lo acepté, yo creí, porque a mí anteriormente me habían mandado fotografías de él. Me mandaron fotos donde él estaba, donde lo tenían esposado, lo tenían encapuchado. No le vi la cara, pero sí le vi la complexión y la ropa que vestía. Entonces acepté pagar rápido pero desafortunadamente esa noche se toparon con los soldados.

No sé si me lo iban a entregar o no, tampoco estoy defendiendo a estos delincuentes, me hicieron un gran daño ellos también, un daño inmenso, que no pienso perdonar a menos que Dios me apoye, me dé sabiduría. Los principales responsables fueron ellos, los delincuentes, pero el culpable total viene siendo el Gobierno por manejar este tipo de protocolos. O sea, se escudan en un uniforme para poder hacer y deshacer. Y ellos destruyeron a mi familia.

¿Cuándo le informaron que su hijo iba en la camioneta que balaceó el Ejército?

El 3 de julio. En la mañana me habla un amigo, me dijo: "Héctor, no quiero ser la persona que te dé una mala noticia, pero chécate en las redes sociales. Hay unas fotografías de un encuentro que tuvieron los militares con los sicarios. Chécate por ahí, Héctor, sobre tu hijo".

En las fotografías se apreciaba a una persona con las características exactas de mi hijo: la complexión de él, la vestimenta que traía y el calzado, porque traía unos tenis con una suela fosforescente.

En su momento nunca lo acepté. O sea, soy muy optimista, creo mucho en Dios. Yo le tenía 99% de fe a mi Dios de que no iba a ser mi hijo porque nunca se me descarriló. Vi esas fotografías y no las acepté. Le hablé a la Policía Investigadora, y me dijeron que sí, que posiblemente era mi hijo. Entonces le pedí un favor a la Policía Investigadora: que me dijera si era o no era mi hijo, con pruebas sanguíneas.

Al día posterior nos hicieron esas pruebas, nos dieron las pruebas de sangre. A mi familia y a mí nos las hicieron. Desafortunadamente, salió positiva. Sí era mi hijo. Ahí se me cayó el mundo. Estoy hablando que pasaron varios días de eso porque mi hijo falleció el 3 de julio. Lo sepulté hasta el 11 de julio, hasta tener pruebas. Vi a mi hijo en la funeraria. Ese fue el último día que vi a mi hijo. Le di un beso en la frente.

No creo perdonar ni a los sicarios de la delincuencia organizada ni al Gobierno. No pienso perdonarlos, a menos que Dios me dé esa sabiduría y esa fuerza y ese valor para aceptar lo que hicieron con mi hijo.

Nunca voy a despertar de esta pesadilla, pero mínimo quiero rescatar a la familia y llevármela a Estados Unidos. Sé que la vida allá es difícil, superdifícil, pero quiero dar a mi familia una vida de calidad porque aquí en México mi familia y yo somos personas de respeto, tenemos una buena educación, aquí somos profesionistas, pero si nos vamos a Estados Unidos automáticamente somos unas personas analfabetas. En estos 15 meses a ver si ya me pueden dar una recomendación. CNDH ya me la puede dar para continuar la vida de mi familia.

¿Quieren que encuentren a los responsables?

Lógico. Lo que se necesita es que se haga justicia, que se enjuicie a estas personas involucradas. No sé si se pueda hacer esto en México. Yo sé que para eso son este tipo de entrevistas, porque lo que se está buscando es llevar todo esto a nivel internacional, que los puedan procesar, que los puedan enjuiciar. Como aquí se está viendo, ya van 15 meses y no han podido enjuiciar a nadie, y eso teniendo pruebas contundentes de que ellos actuaron respaldados por ese uniforme, actuaron con dolo, que es lo más grave que puede hacer una persona. Este tipo de personas, los militares, deben estar para ayudar, no para perjudicar, y aquí ellos, en compañía de la delincuencia organizada, desgarraron a una familia de bien, y esa es mi familia.

¿En este hecho hubo otras personas que no tenían vínculos con la delincuencia y también fueron asesinadas?

Sí. Eran 12 personas las que perecieron en ese percance. Fueron nueve personas de la delincuencia organizada y tres personas secuestradas, entre ellas mi hijo.

¿Qué afectaciones económicas ha enfrentado a raíz de este hecho?

Las afectaciones económicas existieron desde que mi hijo pereció, porque automáticamente, cuando eso sucede, renuncié a mi trabajo. Ya no fui el mismo. O sea, ya no trabajo ni lucho con la misma fuerza que cuando estaba mi hijo. Porque le veo que no tiene sentido formar buenas personas para Dios o para el pueblo, o para México, si siguen sucediendo este tipo de casos, porque el Gobierno está en completa libertad de hacer y deshacer, aunque destruya familias.

Sí me ha ido mal, muy mal, ya no soy la misma persona con ganas de luchar, trabajar, sacar a mi familia adelante. Ya no soy el mismo. Ya nomás estoy sacando, como quien dice, para comer.

¿Qué siente su familia?

Mi familia y yo estamos desgarrados, emocionalmente destruidos. No puede caer la noche porque estamos con el pendiente de mis otros hijos. Ya no pueden andar en la noche porque no estamos a gusto. Siempre que empieza a oscurecer, recurro a que toda la familia esté dentro de mi casa. No puedes vivir de esa manera.

Estamos viviendo una pesadilla porque no cambian los protocolos del Gobierno. No niego que la delincuencia organizada siempre ha existido, de toda la vida ha existido, pero el descontrol que tiene el país es por corrupción. La corrupción es lo que nos ha llevado al descontrol de la delincuencia organizada.

Por qué en Estados Unidos, que son los máximos consumidores de la mercancía que maneja la delincuencia organizada, no tienen el problema de la delincuencia descontrolada. Entonces, mínimo que cambiaran los protocolos y existieran dependencias internacionales donde puedan enjuiciar a estas personas y que se aseguren que no los va a respaldar el país, porque ellos están respaldados por un uniforme que les da el país. Eso no les da derecho a dañar familias. La obligación de ellos es salvaguardar el bienestar de las familias del país, no desgraciar a una gran familia o a cualquier familia.

¿Ha tenido algún daño a la salud?

Los primeros tres meses casi me volví loco. Hablé con mi hijo mayor, con Héctor. Le dije: "Héctor, creo saber cómo se vuelve loca una persona. Creo pensar que es una línea imaginaria que brincas: de una persona cuerda a una persona que queda loca. Yo estoy exactamente en esa línea. Te encargo mucho, ya te di la carrera completa, tú ya sabes el negocio, cuida a la familia si me vuelvo loco, cuídame a mí. Haz lo que yo siempre quise hacer: seguir armando una familia, continúala. No me estoy rajando, no soy cobarde, pero no aguanto el dolor que tengo por tu hermano. Si hubiera sabido que se me descarriló mi hijo, no estuviera en este pesar, pero tú sabes bien cómo los eduqué. Creo pensar que me estoy volviendo loco. Nomás espero en Dios que me mande fuerza, valor y sabiduría para no volverme loco".

Pasaron seis meses que yo peleé con Dios. Me rebelé ante Dios. Le hablé hasta de forma vulgar a mi señor Dios. Le dije desde un principio: "Mi señor Dios, te voy a hablar vulgar para que te des cuenta del enojo que traigo, pero si tú calculas que me estoy pasando intríncame y ya, vuélveme loco porque no puedo con el dolor". Bendito él, piadoso. Me mandó la fuerza, el valor y la sabiduría que yo le pedí.

Después de esos seis meses empecé a mejorar un poco pero no hay noche y no hay día que me levante y piense en mi hijo y no me haga sufrir. Ya van 15 meses y no puedo superar la muerte de mi hijo, lo que me hicieron estas personas.

¿Hay alguien detenido?

No hay nadie detenido, no sé por qué si las pruebas tienen fundamentos muy concretos. No sé por qué el mismo país los está defendiendo. Por eso no sé si exista o va a existir este tipo de justicia internacional para que pueda ser procesado este tipo de personas. Son 15 meses que ya han pasado y no han procesado a nadie, no han enjuiciado, no han encarcelado a nadie. Esperemos que más adelante haya una justicia donde todos seamos parejos, porque aquí no somos todos parejos.

ENTREVISTA A SILVIA VERÓNICA DE LA ROSA MARTÍNEZ, MAMÁ DE FRANCISCO JAVIER LA FUENTE DE LA ROSA, ASESINADO POR EL EJÉRCITO EN TAMAULIPAS, EN 2020

Mi nombre es Silvia Verónica de la Rosa Martínez. Tengo 49 años. Soy la mamá de Francisco Javier La Fuente de la Rosa, ejecutado por la Sedena el 26 de marzo de 2020; él tenía 27 años.

Esto fue en la colonia Jardín, sobre la calle Obregón, a la altura de Muebles Chapa. Fue asesinado por Sedena. Iba por cena a un restaurante cerca de ahí, a escasos 50 metros, y fue ejecutado por ellos en el municipio de Nuevo Laredo.

Como a las 21:00 horas me mandó mensaje y me dijo: "Mamá, Édgar anda aquí". Su amigo Édgar vive en Laredo, Texas. Me dijo: "Mi amigo Édgar anda aquí, vamos a ir a una alberca". Rentaron habitación en el hotel para ir a la alberca. El muchacho y él andaban juntos, pero en la noche, entre las 21:00 y las 21:30 horas, mi hijo salió a comprar de cenar.

El hotel está sobre la México y Paseo Colón, y como a cinco cuadras antes de llegar, sobre la Obregón, está la comida rápida y suponemos que iba a ese lugar. Ahí estaban los restaurantes. Qué sería, unos 40 metros antes de llegar a la localidad, mi hijo fue ejecutado.

¿Cómo se enteró?

Como ya me había avisado, me quedé tranquila. A la medianoche le mandé mensaje y le dije: "¿Todo bien, estás bien? Ya me voy a dormir, cualquier cosa me hablas". Pero nos dimos cuenta que ya tenía dos horas que no estaba activo en el Messenger. Le marqué y no me contestó. Él siempre estaba en contacto, siempre estaba conectado: "Aquí estoy" o "Ya voy" o lo que fuera. Nunca dejaba el teléfono.

Dio la medianoche y dije: "A la mejor está en la alberca". Se supone que iba a una alberca. A las 2:00 horas le hablé y no contestaba. Total, me venció el sueño, me quedé dormida y a las 6:00 horas me levanté. No se había activado su teléfono desde las 22:00 horas. Y márquele y márquele. Mi mamá también y sus hermanos. Nada, nada.

Entonces le hablo a mi hijo, al menor: "Oye, sabes qué, no contesta y está desactivado. Háblale a Édgar, a su amigo". "No, mami", me dijo mi hijo menor, "dice Édgar que salió desde las 22:00 horas y que no ha llegado, salió a comprar cena y no ha llegado, y que él no salió a buscarlo porque no conoce la ciudad, y aparte se llevó la camioneta de él. Más que nada porque no conocía la ciudad no sabía dónde buscarlo".

Le hablé a Édgar. "No, señora, no sé nada, pero ya hablé con una amiga y vamos a preguntar si no tuvo un accidente". Le digo: "Váyanse al MP en lo que yo me arreglo". Pasaron por la FGR y ahí vieron la camioneta. Yo pensé: "Este niño ha de haber chocado, a ver cómo nos arreglamos".

Luego llegó Édgar y nos dijo: "Me dieron calidad de occiso en el hospital general". Fue muy lamentable escuchar esto porque de una reunión de amigos, una alberca, una diversión, de la nada quitarle la vida y no informar. Él llevaba su cartera, su teléfono y se los robaron. Hasta la fecha no tenemos acceso a su cartera ni al teléfono. Le quitaron sus pertenencias. Fue injusto porque era licenciado en comercio exterior, había estudiado en la UABC. Tanta gente que lo quería.

La hora de los hechos fue reportada como a las 22:20, y hasta las 23:59 lo llevaron al hospital, una hora y media después. Ya llegó con los signos vitales muy bajos. Nosotros fuimos y preguntamos.

Según ya iba desangrado de la pierna, la vena femoral. El no darle atención durante horas causó la muerte.

Culpo a Sedena. Hay pruebas, hay cámaras y hay videos donde ellos fueron los responsables y hasta la fecha no han dado la cara, no quieren decir nada, ni una disculpa ni limpiar su nombre. Es lo que quiero, que limpien su nombre, porque él era una persona de bien: un buen muchacho, un buen hijo, un buen compañero.

Esto hace que dé coraje, tanta injusticia y además ver que no somos nada, que la justicia no hace nada por investigar, por resolver. Es muy triste, muy duro. Es muy difícil ir al panteón y aceptar que él está ahí. Ante estos problemas uno no sabe ni qué hacer, ni cómo actuar. Las autoridades no te solucionan nada.

Fueron casi dos días de estar pidiendo la liberación del cuerpo de mi hijo. El cuerpo lo venimos encontrando en la capilla Valdez, de ahí del hospital general se lo entregaron a ese servicio fúnebre esa misma noche sin autorización de uno.

¿Cómo se enteraron de la participación de militares en el ataque contra su hijo?

Cuando llegamos a la funeraria Valdez estaba lleno de militares de la Sedena, estaba saturado. Además, hay un video donde se ve que ahí estaba Sedena y no permitieron el paso a la ambulancia para darle atención a mi hijo.

Ya después salió que a mi hijo le habían puesto armas en la camioneta, que traía armas y que ellos actuaron en defensa porque él les disparó, cuando él no usa armas. Mi hijo salió negativo en la prueba de disparar armas.

Yo no he querido ver los videos. Pero según el licenciado que nos apoya, lo iban siguiendo. Suponemos que no escuchó si le marcaron el alto o, por miedo, no se paró y le dispararon. A la mejor le dio miedo. Era un muchacho de bien, trabajaba en una agencia aduanal, no andaba en malos pasos ni tenía enemigos. Era el único que era bien alegre, mitotero. Nomás entraba y ya quería hacer carne asada, y vamos a hacer esto y vamos a bailar. Se fue la alegría de la casa.

Para todo quería hacer carne asada: si perdía el América, si ganaba, si llegaba su papá de viaje. Era mi apoyo, era el más grande y curiosamente cumplíamos años el mismo día. Es muy difícil.

Aún estamos aceptando. Duele mucho la pérdida de mi hijo, me duele más la manera en la que perdió su vida. No se lo merecía. Nadie se lo merece, pero no esperas que te maten a un hijo así, como a un perro, en la calle, que no le den asistencia, que le roben sus pertenencias, que vayan y lo arrumben allá al hospital, después de una hora y media sin atención. Desgraciadamente, no han hablado, no ha habido ninguna buena respuesta de las autoridades para limpiar el nombre de mi hijo.

A mí me gustaría que ya acabara todo porque mientras no acabe es estar recordando la manera en que murió.

¿Ha avanzado la investigación?

La investigación está en la Fiscalía General de la República y no han dicho nada. Voy y me dicen que está en trámite. La última vez fuimos, nos presentamos y que habrá una indemnización. Obviamente, no se repara la vida. Eso fue en abril y hasta ahorita no han hablado, ni para bien ni para mal. Sedena no volvió a acercarse.

ENTREVISTA A LUZ MARÍA AGUILAR GONZÁLEZ, MAMÁ DE EDUARDO JIMÉNEZ AGUILAR, Y A SANTA BEATRIZ AGUILAR GONZÁLEZ, MADRE DE JONATHAN HERRERA AGUILAR, ASESINADOS POR POLICÍAS DE VERACRUZ

Luz: Mi nombre es Luz María Aguilar González, tengo 32 años y soy mamá de Eduardo Jiménez Aguilar, niño al que le arrebataron la vida el 2 de julio [de 2021]. Tenía 15 años de edad.

Santa: Yo soy Santa Beatriz Aguilar González. Soy mamá de Jonathan Herrera Aguilar, niño asesinado aquí, en La Patrona; tenía 14 años.

¿Cómo vivieron ese 2 de julio?

Luz: Un día como cualquiera, como todos los días. Al amanecer, mi esposo se presenta a trabajar. Yo, a las 11:00 horas, me presento en la secundaria de mi hijo a recoger sus calificaciones del tercer grado. Regreso a su pobre casa y le digo a mi hijo: "Saliste bien con tus calificaciones". Mi hijo, como era un niño muy estudioso, se emocionó y me dice: "Ay, mamá, salí bien". En ese momento, me entra un mensaje de la señora Erika, tía de mi hijo. Mi hijo se presentaba con su tío Alberto a lavarle las camionetas, lo que le ponía, ya sea barrer, recoger herramienta. En ese momento, le digo a mi hijo: "Ya me mandó mensaje tu tía, que dice tu tío Beto que ya te presentes a trabajar, que vayas a ayudarlo". Y me dice mi hijo: "Sí, mamá, ya me voy, ahorita regreso", porque, de hecho, no tardaban mucho. Fue un día como los días anteriores.

Santa: Mi hijo Jonathan iba a ayudarlo de vez en cuando. Jalaba mucho con mi sobrino Eduardo. Ese día bajaban a lavar la camioneta de este señor. Bajaban, hacían trabajos como barrer la calle, lavar sus coches. Y cuando terminaban se venían a la casa. A eso bajaron ese día.

¿A qué hora salen de su casa?

Luz: Pasaditas de las 11:30 horas es cuando ellos acuden al domicilio de su tío Alberto Jiménez para lavarle el carro. Como todos los días, Eduardo me dijo: "Jefa, orita regreso, voy con mi tío a trabajar". Y yo, como siempre, como toda madre: "Sí, hijo, con cuidado, que Dios te bendiga".

¿A qué hora empiezan a suceder las cosas extrañas?

Luz: Pasaditas de las 14:00 horas es cuando se empiezan a escuchar las detonaciones. Yo estaba en su pobre casa. Veo bajar las patrullas.

Santa: Vimos desde la casa cuando bajaron las camionetas de la policía. Ellos luego dijeron que venían persiguiendo delincuentes, pero que no iban persiguiendo a nadie. No se trataba de nada de eso.

Luz: A los minutos, se empiezan a escuchar los tiros. En ese momento, no sé si fue mi instinto de madre, le empiezo a mandar mensajes a la esposa de Alberto, preguntándole por los niños, pero no me responde. Me entra una llamada de mi mamá, preguntándome si estaban los niños con nosotros, Eduardo y Jonathan. Le digo: "No, fueron con su tío". Me dice: "¿Cómo? Dicen que hubo una balacera allá abajo".

Santa: Empezaron a correr los rumores de que había un asesinato. Yo salí corriendo de mi domicilio y al llegar ya estaba todo acordonado. Ya no me dejaron pasar los policías de la Fuerza Civil, no me dieron nunca datos de que se trataba de mi hijo. A mí nada más me dijeron que había personas tiradas, pero en ningún momento me dijeron que se trataba de mi hijo. Yo les pedía que, por favor, me dejaran pasar, pero los policías en ningún momento se pusieron la mano en el corazón. Ahí me tenían sin darme explicaciones de nada.

Luz: Yo como madre salgo corriendo desesperada para ver la situación, cómo están mi hijo y mi sobrino. Cuando llegamos, ya estaba toda la zona acordonada y yo les decía a los policías de la Fuerza Civil que mi hijo se encontraba ahí dentro, en ese terreno.

Se portaron muy groseros y no nos daban información. Nos traían corriendo de una cuadra a otra y nunca nos permitieron entrar. Lo único que decían era: "Permítanos hacer nuestro trabajo". Yo, desesperada, les decía: "Pero es que les estamos dejando hacer su trabajo, lo único que quiero saber es cómo se encuentra mi hijo". Nunca nos permitieron pasar. Yo les decía: "Por favor, apiádense de mí, mi hijo es menor de edad, lo único que quiero saber es cómo se encuentra mi hijo, que me acompañe uno de ustedes". Y nunca, en ningún momento, me permitieron el acceso.

Luego luego empezaron a llegar más patrullas, como si los niños fueran unos delincuentes. Al tío de los niños lo sacaron del lugar y no le permitieron el acceso. Yo le gritaba: "¿Cómo están los niños? ¿Viste a los niños? Beto, dime cómo están los niños". Y como ellos no los vieron, me respondió: "No sabemos, nos sacaron". A ellos también los sacaron del lugar, de su casa.

Creo que los amedrentaron. Entraron a su domicilio, los amenazaron, pues tienen una niña de 5 años. Les dijeron que, por la niña, se salieran del lugar, y se salieron de su casa y de hecho estuvieron ahí en la esquina en donde nosotras estábamos. Me encontraba muy mal, muy desesperada, muy angustiada por saber de la vida de mi hijo.

¿Cómo se enteran de que a sus hijos les habían arrebatado la vida?

Luz: Yo me entero por la sobrina de Beto. Se encontraba en el domicilio donde fueron los hechos. Ella salió y dice: "Lo siento mucho, lo siento mucho, pero son sus niños". Dice: "Son sus hijos los que perdieron la vida".

Queríamos recuperar los cuerpecitos de los niños para poder darles cristiana sepultura, como debe de ser. Por eso acudimos al municipio de Amatlán. Nos llevaron al Semefo para la firma y eso, para que nos los pudieran dar, y de ahí nos dirigimos a la funeraria. Hasta las 2:00 horas es cuando le pido al de la funeraria que me permitiera pasar a identificar a mi hijo, porque desde que pasaron los hechos no lo había visto. No sé si la persona me vio muy destrozada, no sé si ese fue el motivo, pero me lo permitieron. A las 2:00 horas fue cuando vi a mi hijo en su cajita.

¿Cuál fue la causa de la muerte de su hijo?
Luz: Mi hijo falleció de un impacto de bala, golpe hipovolémico y nada más. Por la parte del abdomen fue donde recibió el impacto de bala. Fue similar la muerte de Jonathan y la de Eduardo. Es lo que dice el acta de defunción, que los dos fallecieron por las mismas causas.

Cuéntenme un poco de Eduardo y Jonathan.
Luz: Mi hijo Eduardo, con 15 años de edad, era un niño muy tímido, pero a la vez era un niño muy alegre. A pesar de que nos vino a perjudicar la pandemia, él seguía con sus estudios en el modo que estaban, en línea. Al principio, cuando empezó la pandemia, yo le decía a mi esposo: "Esto se ve que va a tardar, se va a alargar, tenemos que hacer el esfuerzo por contratar el internet". Porque mi hijo acudía a la casa de su tío para entrar a sus clases, entregar sus actividades, y sí, tuvimos que hacer el esfuerzo para contratar el internet, con tal de que mi hijo siguiera sus estudios en línea. Al principio fue algo difícil porque no teníamos en cuenta el gasto. En ocasiones se nos juntaba el gas, nos llegaba el recibo de luz y nos veíamos un poquito apretados.

Era un niño muy amable con todo el mundo, con sus familiares muy respetuoso. Era un niño apegado a mí. Teníamos mucha comunicación, platicábamos mucho. Él me escuchaba, yo lo escuchaba.

Él y sus hermanitos se seguían mucho, a pesar de la diferencia de edades, y a su papá, ni se diga. Mi hijo nos quería mucho y a él lo queríamos mucho. Era un niño que tenía muchos sueños, muchas metas en su vida. Quería seguir estudiando y ser alguien en la vida. Quería estudiar en el Cobaev [Colegio de Bachilleres del Estado de Veracruz, del sistema público]. Pero yo le decía: "Mijo, las colegiaturas están muy caras, se compran libros. Yo siento que no nos va a dar para que vayas al Cobaev, pero hay una escuela para acá, abajo, por Coetzalan", no recuerdo, creo que es el Conalep. ¿Por qué no vas a esa escuela?, en esa escuela te van a enseñar lo mismo". Y como él nunca me decía que no, me decía: "Sí, jefa, vamos a ver". Pero su ilusión era ir al Cobaev de Amatlán.

Escuchaba música y se ponía a jugar con su primo Jonathan. Él era un niño muy apegado a su primo y adonde quiera que andaban, andaban los dos, ya sea a la tienda o a donde lo mandaba iban los dos. Pero no eran de andar en la calle, ni mucho menos de andar con los amigos. Él en su casa escuchando música. Escuchaba las músicas de inglés. Lo que pasa es que mi papá es un señor de edad, tiene 65 años, y le gustaba mucho escuchar las canciones de... ¿Beatles? Algo así. Las de inglés, él escuchaba esas canciones de inglés.

Sus amigos y nosotros, de cariño, le decíamos Lalo, Lalito de más chiquito. Y, la verdad, sus compañeros le vinieron a dar su último adiós porque se ganó el cariño de ellos. Se acercó una compañera conmigo y me dijo: "Señora, lo siento mucho. ¿Cómo es posible que Lalo terminó de esa manera? No es justo porque él no se metía con nadie", y se puso a llorar. Muchos compañeros se pusieron su camisita de secundaria para la misa de su último adiós. Se acercaron muchos y me dieron el pésame y estaban muy destrozados, muy mal emocionalmente.

Santa: Yo tengo cuatro hijos y Jonathan era el mayor. Me quitaron al primogénito, al que tenía muchos sueños por delante, como irse a estudiar lejos. Mi hijo era un niño que tenía su carácter, era enojón, pero era llevadero con todo mundo. Por eso, cuando los mataron, todo el pueblo estuvo en total desacuerdo y se enojó. Eran unos que no sabían decir que no a un favor que les pedían, o sea, se topaban a cualquier gente y "Mijo, hazme este favor", y ellos nunca decían que no. Tenía su carácter fuerte, pero era alegre, soñador como todo niño.

Él ya me salía de segundo de secundaria y ya me iba a pasar a tercero. Se la pasaba todo el tiempo jugando en su teléfono. Todavía no tenía bien definido lo que quería estudiar, pero lo que sí tenía claro era que quería salir de su secundaria e irse a estudiar lejos. No sé qué era lo que quería porque no se decidía, pero tenía muchas ganas de irse a estudiar lejos terminando su secundaria.

¿Cómo era la relación entre Eduardo y Jonathan?

Santa: Desde chiquititos se criaron juntos. Se llevaban año y medio, pero desde chiquitos siempre jalaron juntos. Estuvieron separados un tiempo, un año que mi hijo se fue con su papá a México. Pero cuando él regresó, no eran como primos: eran como hermanos. Adonde quiera que andaba uno andaba el otro, hasta para salir a la tienda Jonathan era de que "Lalo, vente", "Lalo, para acá", "Lalo, para allá". Eran como hermanos.

Luz: Hubo muchos comentarios en redes de que "los niños eran delincuentes", que "eran sicarios". Malos comentarios sí hubo y malas expresiones, pero, le soy sincera, como mamá de Eduardo y tía de Jonathan le puedo asegurar que ellos no andaban en malos pasos. Eran unos niños que ni siquiera se metían con los vecinos. Eran muy tímidos. Como le vuelvo a repetir, mis niños no eran de los que andaban en la calle. Y cuando iban a la tienda o al mandado: "Buenas tardes", "Buenos días", muy amables.

¿Qué esperan del Gobierno después de lo que sufrieron?

Luz: Yo, mamá de Eduardo, pediría que se haga justicia y que se esclarezcan los hechos sobre la muerte de mis hijos. Digo "mis hijos" porque a mi sobrino también lo consideraba mi hijo. Ya van para tres meses y las autoridades no nos han dicho nada. Como que no se vale. Hay casos en donde son hijos de empresarios, son hijos de personas importantes y rápido dan con los culpables. Pero como nosotros somos de escasos recursos, ni siquiera nos hacen caso, ni nos toman en cuenta. Quisiera que se esclarecieran los hechos. Ojalá tan siquiera se tomaran la amabilidad de decirnos por qué llegaron los policías a atacarlos. Los hubieran mejor detenido y los hubieran investigado. ¿Por qué llegar a dispararles a quemarropa?

Eduardo tuvo... Tiene dos hermanos, de 10 y 12 años. Los afectó bastante. Mi hijo, el de 12 años, estaba muy apegado a él y hubo un día, recientemente de que pasaron los hechos, que me dice: "Mamá, me quedé solo, me quedé solo porque mis primitos juegan entre ellos. Mi hermana está en su mundo, y yo estaba muy apegado a ellos". Y le contesto: "David, no te quedaste solo, no te sientas solo, porque nos tienes a nosotros. Tienes a tu hermanito y a tu primo en el cielo. Ellos ahorita son nuestros ángeles y siguen andando contigo, a pesar de que haya pasado lo que haya pasado".

ENTREVISTA A MARCO ANTONIO SUÁSTEGUI MUÑOZ, HERMANO DE VICENTE SUÁSTEGUI MUÑOZ, DESAPARECIDO POR POLICÍAS ESTATALES Y POLICÍAS COMUNITARIOS DE GUERRERO, EN 2021

Mi nombre es Marco Antonio Suástegui Muñoz. Soy vocero del Consejo de Ejidos y Comunidades Opositoras a la presa La Parota, el CECOP, movimiento social que nació el 28 de julio de 2003. Mi hermano Vicente y yo somos fundadores de este movimiento de mujeres y hombres valientes del estado de Guerrero, de la zona rural de Acapulco, la zona más pobre de Acapulco: los Bienes Comunales de Cacahuatepec.

Para una persona que vive del campo es muy difícil luchar contra estos monstruos de mil cabezas porque nos estábamos enfrentando, en primer lugar, a la Comisión Federal de Electricidad (CFE), que traía 2 000 millones de dólares en la bolsa para corromper, para comprar conciencias, para comprar gobiernos y construir esta megapresa, este megamonstruo que iba a sepultar bajo el agua a unas comunidades, por un lado, y, por otro lado, iba a matar de sed a las comunidades que iban a quedar abajo.

Fue muy difícil enfrentar la lucha contra este poderío económico. Obviamente, el Gobierno le apostó primero a la división del movimiento. Después le apostó al cansancio del movimiento, y, sin duda alguna, al desgaste económico porque para luchar con esta gente logramos hasta 11 plantones en los Bienes Comunales. ¿Cómo mantener esos plantones si el campesino no tiene dinero? Pues sacamos todo lo que teníamos ahorrado, vendimos nuestras cosechas, nuestros animales para poder dar la lucha, la batalla contra este proyecto de la presa. Hoy en día la economía ha mermado mucho, las cosas se pusieron más difíciles y ahora solamente es enfrentar a la CFE. No solo es enfrentar a los gobiernos estatal y federal, sino que ahora hay algo más peligroso: enfrentar al narco, a los grupos criminales. Eso es lo más difícil que me ha tocado.

La lucha social está en verdadero peligro porque ya no son los federales, ya no son los militares, ya no es el Ejército y la Marina quien desaparece. El gobierno utiliza a estos grupos criminales para desaparecerte, para asesinarte, para enterrarte vivo, para torturarte, para *levantarte* y eso es más peligroso. Ellos traen armas de grueso calibre, vehículos, se mueven, tienen toda una red. Por eso se llaman delincuencia organizada; están bien organizados.

Ya cumplimos la mayoría de edad en el movimiento, 18 años luchando con el machete en mano y defendiendo nuestro territorio. Hemos pasado situaciones muy difíciles: la persecución, el encarcelamiento, la criminalización, el asesinato de varios compañeros, pero hoy nos encontramos en una situación muy muy difícil, que tiene desanimado al movimiento social en Guerrero y es que acaban de desaparecer a mi hermano Vicente, el 5 de agosto de 2021.

Vicente es un chico campesino, un defensor del medio ambiente, defensor del territorio, defensor del agua, pero, sobre todo, es un defensor de los derechos de las y los campesinos de los Bienes Comunales de Cacahuatepec.

Vicente fue desplazado en 2019 de los Bienes Comunales de Cacahuatepec por su actividad política y se empleó como taxista en Ciudad Renacimiento, pero siguió siendo perseguido. En 2020, Vicente fue detenido por la policía estatal, torturado y trasladado a la central de la Policía Investigadora Ministerial, donde lo acusaron de portar armas y droga. Afortunadamente, después de 72 horas, no tuvieron las pruebas para mantenerlo porque todo era fabricado, pero le dijeron: "Ya sabemos quién eres, te tenemos ubicado".

Siempre era amenazado por la Policía Ministerial. Este año, en julio de 2021, la Marina llegó hasta su domicilio, en la colonia Renacimiento. Vicente no estaba; estaba su concubina con sus hijas. Vicente estaba trabajando el taxi colectivo. Vicente llega y les dice: "Saben qué, retírense de mi hogar. ¿Quieren revisar mi auto? Aquí está mi auto, revísenlo, revisen la casa, pero lárguense". Los marinos le dijeron: "Recuerda que te tenemos ubicado, ya te traemos". Fue la Marina. Fue apenas un mes antes de que pasara esto. Vicente siguió trabajando.

Ese día 5 de agosto de 2021 a Vicente lo sacan de su domicilio para un viaje en el taxi. Alguien le llama, pero fue para que a Vicente lo pudieran levantar. Vicente tiene la última comunicación con su mujer, con su concubina, como a las 22:40-22:50 horas. Estaba lloviendo, ese 5 de agosto por la noche estaba lloviendo, un aguacero, y Vicente contesta que ya iba de regreso a su domicilio, que lo esperaran sus hijas y su esposa porque estaba lloviendo muy fuerte. Vicente va a dejar a una persona al Circuito Interior, a la secundaria 9, y fue ahí donde un auto se le cierra. Vicente quiso echarse de reversa, pero estos tipos se bajan y empiezan a golpearlo. Eran integrantes de la UPOEG [grupo de policías comunitarias, Unión de Pueblos y Organizaciones del Estado de Guerrero].

Le hacen un disparo. Es ahí donde yo desconozco si a Vicente lo impactan en la humanidad. Yo creo que Vicente fue herido. Lo suben a este vehículo y se lo llevan. Pude tener acceso a ese video donde se ve cuando se lo llevan, pero hay una camioneta misteriosa que se les adelanta y es la que va como dando guía. Pensamos que es una patrulla de la policía estatal.

Se lo llevan por el poblado de la Sabana con rumbo a la comunidad de Tres Palos. Allá hay un motel y ahí es donde los comunitarios de la UPOEG lo entregan a un comandante de esa Policía Comunitaria llamado Pedro Santos Cruz, alias el comandante Pino. Ahí se lo entregan.

Ya hay dos detenidos, Juan Carlos Valenzuela y Felipe Gasga. Uno de ellos ya declaró que lo entregó con vida al comandante Pino, y que él de ahí ya no sabe qué le hicieron, que ignora si lo asesinaron, si le hicieron daño, pero que se lo entregó al comandante Pino y a los policías comunitarios en la habitación número 3 del motel Tres Palos.

Ellos, los que se lo llevaron, son parte activa de la Policía Ministerial y son parte de estos grupos criminales.

Vicente trabajaba de taxista para poder subsistir y para alimentar a sus hijos y tiene 38 años. Nació en Las Parotas, Guerrero, municipio de Acapulco, de un anexo entre los Bienes Comunales de Cacahuatepec. Vicente nace siendo un campesino, sembrando maíz, cuidando a los animales, a los chivos, a las vacas, montando a caballo. Aprendemos a nadar desde los 5 años de edad, allá en el río Papagayo.

Sin duda alguna, es algo nunca imaginado. Lo más terrible es vivir este sentimiento, este dolor que hoy nos tiene atrapados a la familia Suástegui Muñoz, al CECOP, a los movimientos sociales que han sentido la desaparición de Vicente. A mí me ha pegado muy duro. He bajado de peso, no puedo dormir, me duermo pensando en mi hermano Vicente, sueño con mi hermano Vicente, despierto con mi hermano Vicente, desayuno, como y ceno con mi hermano Vicente. Nos dieron un golpe duro, el golpe que nos acaban de dar es un golpe que ellos saben dar, que los criminales y el Gobierno saben dar. Saben dónde pegarte para bajarte la defensa, para bajarte los ánimos. Sí, es muy triste, es muy doloroso, es muy doloroso tener a un familiar desaparecido.

Hace tiempo, cuando estuve en la cárcel por ser vocero del movimiento contra la presa, me preguntaba qué es más difícil, quién sufre más: el que está en la cárcel o los que están afuera tratando de liberarlo. Yo estaba encarcelado y veía cómo la gente, mi esposa, mis hijos, mis hermanos, mis compañeros sufrían porque yo estaba lejos, en Nayarit. Podía sentirlo hasta allá, el sufrimiento, a través de cartas.

Pero hoy estoy del otro lado, mi hermano está desaparecido. Y este sufrimiento es como flechas mortíferas, que no solo te atraviesan el cuerpo, no solo te han atravesado el corazón, sino te atraviesan el alma. Rompen con tu tranquilidad, no hay paz en el corazón, hay una desesperación tremenda. No saber si Vicente está con vida, no saber si Vicente ya comió, si está enfermo o no, saber si lo están torturando, no saber si Vicente está sufriendo, si está enfermo, es algo que nunca había imaginado.

Desde hace 20 años conozco a Tita Radilla y hace un par de días la vi en Chilpancingo y me motivó mucho la fortaleza de esta mujer, que lleva más de cuarenta años buscando a su padre [desaparecido por el Ejército]. Yo llevo más de sesenta días buscando a Vicente, pero siento que han sido más de sesenta años.

Sí, sin duda alguna la sangre llama. Cada vez que voy en busca de Vicente, el corazón se me empieza a acelerar y me dice que Vicente está con vida y crece mi ánimo, se levanta mi ánimo, crece mi ilusión por encontrarlo vivo.

En lo sentimental, en el aspecto anímico, me ha pegado muy fuerte. Pero, afortunadamente, tengo la fe y la convicción de que vamos a encontrar a Vicente con vida y que esto va a sentar un precedente para la no repetición de las más de 90 000 desapariciones que hay en México. Yo creo que se debe de poner un alto. Los gobiernos deben de hacer algo porque tener a un familiar desaparecido o estar en la condición de desaparecido es algo terrible, es algo que no se lo deseo ni a mi peor enemigo.

Me considero fuerte física, mentalmente, estoy preparado para la guerra. Yo sabía desde el momento en que dejé mi carrera, dejé a la familia, dejé mis tierras, cuando me dediqué a defender a la gente en contra del proyecto de la presa La Parota, yo sabía las consecuencias que eso podía traer. Sabía que podía ser encarcelado. Sabía que podía ser asesinado, pero nunca imaginé que iban a desaparecer a mi hermano Vicente.

Físicamente, decaí mucho, pero cuando veo a mucha gente luchando por sus desaparecidos mis ánimos regresan. Eso me retroalimenta, ver que el movimiento sigue de pie y mirar a las hijas de Vicente y a mis hermanas que me dan ánimo. Sí me pongo triste cuando regreso de las búsquedas y corriendo va la familia y los compañeros a preguntarme: "¿Qué pasó, encontraste a Vicente?", y yo les digo: "Nada y nada", y veo cuando se ponen a llorar. Obviamente, me contagian de esa tristeza, pero después recapacito y digo: "No, yo voy a seguir luchando porque, así como echamos abajo la presa La Parota, así también voy a encontrar a Vicente".

Me fortalece la lucha social en Guerrero, me motiva, porque no tengo miedo, no tengo miedo de morir, no tengo miedo de ser encarcelado, pero sí tengo miedo de no encontrar a mi hermano Vicente con vida. Eso sí me da mucho miedo.

A final de cuentas, el tema de Vicente va a sentar un precedente. No solo tiene que unir a la familia, no solo tiene que fortalecer al movimiento social, sino que no se tiene que volver a repetir la desaparición de un luchador social como Vicente Suástegui. Creo que estos momentos que estamos viviendo tienen que servir de reflexión, tienen que servir para fortalecernos como seres humanos.

A mí me va a fortalecer en mi formación ideológica, en mi forma de luchar. Sé que en estos momentos la familia se encuentra triste, pero nosotros, como buenos dirigentes, como buenos líderes, como buenos padres de familia, tenemos que sacar la casta. En este momento no vamos a rendirnos. Nunca he pensado en abandonar la lucha y mucho menos he pensado en abandonar a Vicente.

A Vicente le sigo diciendo que aguante, que soporte un poquito más este castigo al que lo tienen sometido estos criminales, que lo vamos a rescatar, que su hermano que lo ama tanto irá por él y que lo va a rescatar con vida. Entonces, que no se rinda. A Vicente le he dicho: "No te rindas, hermano, tienes que aguantar, tienes que soportar, mucha gente te está esperando. Tus hijas, tu hermano y el CECOP te están esperando".

Por eso le digo a la familia que no se desanime y que muy pronto recuperaremos a Vicente con vida. Es duro, es difícil porque hay que ser realistas. Vicente no está en manos de monjas. Vicente está en manos de criminales que en cualquier momento pueden cometer una locura, y eso lo tengo muy claro. Lo tengo muy presente y tengo que ser realista. Vicente está en manos de criminales, de gente que está sedienta de sangre, de gente que es muy violenta.

No lo hemos encontrado, lo cual quiere decir que Vicente sigue con vida. Esto también a mí me motiva, me da fuerzas para seguir buscando a mi hermano, el no haberlo encontrado en estos lugares, en estas tinieblas. Digo: "Vamos a sacar a Vicente de las tinieblas para traerlo a la luz. Vamos a romper esas cadenas con los machetes de La Parota para liberar a Vicente de donde lo tienen atado de pies y manos".

ENTREVISTA CON EUFROSINA BLANCO NAVA, MAMÁ DE ALFREDO BARRIOS BLANCO, DE 22 AÑOS, DESAPARECIDO POR ELEMENTOS DE LA GUARDIA NACIONAL EN EL MUNICIPIO DE BUENAVISTA, MICHOACÁN, EN 2022

Me llamo Eufrosina Blanco. Mi hijo se fue un día en la mañana al corte de limón y una compañera me avisó que llegaron los de la Guardia Nacional ahí, al Limoncito, y rodearon a toda la gente. Se llevaron a dos; uno de ellos era mi hijo. Se los llevaron rumbo al Aguaje. Ya no supe nada de él. Ellos andaban cortando y ahí los agarraron y se los llevaron. La gente les gritó que no se los llevaran, pero se llevaron a los dos muchachos y, hasta la fecha, no aparecen.

Mi hijo se llama Alfredo Barrios Blanco, tenía 22 años. Yo subí y anduve buscándolo. Y me dijeron unas personas que tenían miedo de hablar pero que a esos muchachos los habían pasado a unas camionetas que estaban llenas de hombres armados. Que ahí los pasaron y se dieron la vuelta los del Gobierno.

Ya perdí las esperanzas, la verdad. ¿Usted cree, a este tiempo, que siga vivo? Aunque por fuera me mire así, por dentro mi corazón está marchito, no quisiera recordarlo.

¿Qué dijeron los testigos?

Los testigos no quisieron hablar. Unas señoras iban a las tortillas cuando miraron eso. Yo les prometí que no iba a hacer nada que las afectara, pero las señoras dijeron que ellas no iban a decir nada [a la autoridad].

Yo iba bien trastornada. Ellas solo me dijeron que los de la Guardia Nacional los habían traspasado a esa camioneta de hombres armados.

Yo presenté la denuncia, me cansé de denunciarlo, pero ellos son Gobierno y uno no es nada. ¿Usted cree que le van a hacer caso a uno? Vale más la palabra de ellos que la de uno.

Las autoridades me dijeron que me iban a hablar por teléfono y hasta la fecha no me han hablado. Yo no he cambiado mi número para ver si me hablan. Si no los busca uno, se hacen los sordos y hacen como que no ven. Nunca han hecho nada. Yo presenté la denuncia en la Fiscalía de Apatzingán.

¿Cuál era el sueño de su hijo?

No estudió, por lo mismo de que yo no alcanzo a darle para un estudio. Usted sabe que en el estudio se gasta, aunque sea en estos ranchos se gasta, y yo no pude. Ya de grande él se dedicó a trabajar, a sacarme adelante, a mantenerme. Perdí las esperanzas y no quisiera ponerme triste. Él tendría ahora casi 24 años.

¿Del otro muchacho desaparecido sabe algo?

Al otro muchacho no lo conozco. Como son cortadores de diferentes partes no conozco al muchacho. Yo no sé, yo no sé si sus familiares se movieron. Yo vengo por lo mío, por lo que me duele. Yo no sé lo demás y hasta la fecha no han hecho nada. Nomás dígame, ¿qué han hecho?

No quiero recordar lo que pasó ese día. Yo me iba por las barrancas, los caminos, por las carreteras. Cargaba mi cuchillo en la bolsa y cada bulto que miraba lo rajaba con ansias de mirarlo ahí. Prefería verlo ahí o, no sé, en la cárcel, o metido no sé dónde, donde me lo hayan querido meter. Pero no estar así, sin saber de él, si estará sufriendo o pasando hambre. Yo soy sola y ni con quién apoyarme. Muchos me han dicho: “Es un milagro que estás de pie”. Si no me doy fuerzas, ¿quién me las va a dar?

¿Quisiera platicarnos de usted?

Soy del año 1975, soy originaria de Guerrero. Aquí, en Michoacán, tengo ya como 17 años. Me vine para acá por el trabajo. Allá uno ganaba 75 pesos trabajando 11 horas al día. ¿Para qué le sirven 75 pesos? Pero acá, si agarró un huerto de limón, le doy duro y gano más. También hago comida para vender.

¿Se arrepiente de haberse venido a Michoacán?

Me arrepiento de haberme venido, por mi hijo, sí. Porque yo quise que él estuviera mejor, porque ni para huaraches alcanzábamos y por lo menos aquí era otra clase de vida.

A veces me repugna y me llena de odio lo que pasó. A veces digo: "Quisiera ser hombre". Aunque soy vieja, siento que me sobran huevos para ir por mi hijo. Al fin y al cabo, ya viví la vida, mal que bien. Uno de madre, no sé si así somos todas o no, pero uno de madre da la vida por sus hijos. Si a mí me dijeran en este instante: "Vengase, doña, que se lo vamos a entregar en tal parte", yo iba, sin pensarlo, a la hora que fuera. No sé cómo le haría, pero yo iría.

Antes era más alegre, como que me apachurré. Yo de aquí no salgo. A veces como que pierdes las ganas de vivir. A veces me levanto con rabia.

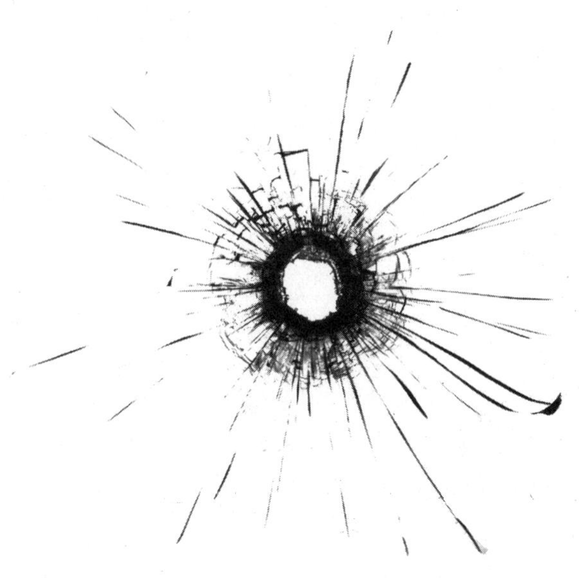